住房城乡建设部土建类学科专业"十三五"规划教材

住房和城乡建设部中等职业教育建筑施工与建筑装饰专业指导委员会规划推荐教材

建筑工程材料检测

郭秋生　主　编

付新建　李　淮　副主编

中国建筑工业出版社

图书在版编目（CIP）数据

建筑工程材料检测/郭秋生主编.—北京：中国建筑工业出版社，
2014.12

住房城乡建设部土建类学科专业"十三五"规划教材.住房和
城乡建设部中等职业教育建筑施工与建筑装饰专业指导委员会规
划推荐教材

ISBN 978-7-112-17604-5

Ⅰ.①建…　Ⅱ.①郭…　Ⅲ.①建筑材料—检测—中等专业学
校—教材　Ⅳ.①TU502

中国版本图书馆CIP数据核字（2014）第292345号

　　本书按照最新的专业教学标准和规范编写。本书主要内容包括：材料的基本性质，建筑工程材料及检测的相关法规，标准和计量知识，水泥，石灰、石膏，砂、石，混凝土外加剂，混凝土，砂浆，建筑钢材，砖和砌块，防水材料，节能工程材料，职责。

　　本书可作为职业院校土建类专业教材，也可作为学习建筑工程材料检测的参考书。为了更好地支持本课程的教学，本书作者制作了教学课件，有需求的读者可发送邮件至2917266507@qq.com 免费索取。

责任编辑：陈　桦　聂　伟　杨　琪
书籍设计：京点制版
责任校对：陈晶晶　党　蕾

住房城乡建设部土建类学科专业"十三五"规划教材
住房和城乡建设部中等职业教育建筑施工与建筑装饰专业指导委员会规划推荐教材

建筑工程材料检测
　　　　郭秋生　主　编
付新建　李　淮　副主编
*
中国建筑工业出版社出版、发行（北京海淀三里河路9号）
各地新华书店、建筑书店经销
北京京点图文设计有限公司制版
北京市密东印刷有限公司印刷
*
开本：787×1092毫米　1/16　印张：14¼　字数：325千字
2018年5月第一版　2018年5月第一次印刷
定价：**58.00**元（赠课件）
ISBN 978-7-112-17604-5
　　　（26806）

本系列教材编委会 ◆◆◆

序言◆◆◆
Preface

　　住房和城乡建设部中等职业教育专业指导委员会是在全国住房和城乡建设职业教育教学指导委员会、住房和城乡建设部人事司的领导下，指导住房城乡建设类中等职业教育（包括普通中专、成人中专、职业高中、技工学校等）的专业建设和人才培养的专家机构。其主要任务是：研究建设类中等职业教育的专业发展方向、专业设置和教育教学改革；组织制定并及时修订专业培养目标、专业教育标准、专业培养方案、技能培养方案，组织编制有关课程和教学环节的教学大纲；研究制订教材建设规划，组织教材编写和评选工作，开展教材的评价和评优工作；研究制订专业教育评估标准、专业教育评估程序与办法，协调、配合专业教育评估工作的开展等。

　　本套教材是由住房和城乡建设部中等职业教育建筑施工与建筑装饰专业指导委员会（以下简称专指委）组织编写的。该套教材是根据教育部2014年7月公布的《中等职业学校建筑工程施工专业教学标准（试行）》、《中等职业学校建筑装饰专业教学标准（试行）》及其课程标准编写的。专指委的委员专家参与了专业教学标准和课程标准的制定，并将教学改革的理念融入教材的编写，使本套教材能体现最新的教学标准和课程标准的精神。教材编写体现了理论实践一体化教学和做中学、做中教的职业教育教学特色。教材中采用了最新的规范、标准、规程，体现了先进性、通用性、实用性的原则。本套教材中的大部分教材，经全国职业教育教材审定委员会的审定，被评为"十二五"职业教育国家规划教材。

　　教学改革是一个不断深化的过程，教材建设是一个不断推陈出新的过程，需要在教学实践中不断完善，希望本套教材能对进一步开展中等职业教育的教学改革发挥积极的推动作用。

住房和城乡建设部中等职业教育建筑施工与建筑装饰专业指导委员会

前言 ◆◆
Preface

《建筑工程材料检测》是职业院校土建类专业"工程质量与材料检测"专业方向课程之一。本课程对接材料员、材料试验员职业能力要求，使学生掌握常用建筑材料及其制品的质量标准、检验方法，能按照常用材料进场验收的程序、内容和方法执行进场验收，会判断进场材料的符合性；会现场保管常用建筑材料及其制品；会核查计量器具的符合性；能依据计量标准和施工质量验收规范，独立检测常用建筑材料及节能材料的技术性能；能独立执行规范规定见证取样复验项目的取样和送检，会评价材料质量。

本教材按照最新的专业教学标准和规范编写。教材按照材料的种类分模块展开编写，每个模块根据材料的特点以若干个典型项目为载体，整合了本课程的专业知识与技能。教材内容对接材料员和材料试验员的职业标准和岗位要求，采用新规范、新标准、新技术、新工艺，充分体现了教材先进性、通用性、实用性原则，更贴近本专业的发展和实际需要。

本教材体现职业教育特色和工作过程导向的教学理念，采用项目、任务引领，整合材料员和材料试验员的相关知识与技能。项目和任务的选择与设置符合学生的认知水平和职业成长规律，理论知识以必需、够用为原则，同时注重实践教学和操作技能传授。另外教材能够与职业岗位接轨，选用企业一线使用的工程表格，教材呈现形式新颖、图文并茂，可读性强，让学生感到不枯燥不乏味，便于理解和学习。

本教材由郭秋生主编，付新建、李淮副主编。模块1、模块3和模块14由北京城市建设学校郭秋生编写；模块2、模块7和模块13由北京城市建设学校付新建编写；模块4和模块6由北京市建设职工大学张秀彦编写；模块5和模块12由广州市建筑工程职业学校郭晓明编写；模块8和模块9由浙江建设技师学院刘鑫编写；模块10和模块11由北京城市建设学校李淮编写。全书由郭秋生负责统稿。感谢北京中科诚达建设工程质量检测有限公司张蓉晖、于文立、李淑坤等为本书做了大量细致的具体工作，对保证本书编写质量提出了不少建设性意见，在此，编者表示衷心感谢。

由于编者水平有限，书中难免有不足之处，恳切希望读者批评指正。

目录 ◆◆◆
Contents

模块 1
材料的基本性质

【模块概述】

建筑材料是建筑物的基本组成，是建筑工程中重要的物质基础，决定了建筑物的形式、质量、安全和施工方法。模块 1 介绍了有关建筑材料的性质与应用的基本知识和必要基本理论、与材料有关的基本概念，讲述了在不同使用环境下，各类建筑材料的基本性质、含义和影响这些性质的因素。

【学习目标】

（1）理解材料的组成、结构以及它们与材料性质的关系、外界因素对材料性质的影响；了解建筑材料各种性质在工程实践中的意义。

（2）掌握建筑材料物理、力学性质，材料各种性质间的相互关系。

（3）能够对常见建筑材料基本物理性质、力学性能和耐久性进行简单判断。

（4）具有正确、合理的选择和运用材料的能力，为解决工程实际中的建筑材料问题提供一定的基本理论知识。

项目 1　材料的组成、结构和分类

【项目概述】

1. 项目描述

介绍材料的组成、性质及技术要求，阐述材料的组成、结构与构造及其对建筑材料性能的影响、外界因素对材料性质的影响以及各种要素性质间的相互关系。

2. 检验依据

（1）《混凝土结构设计规范》GB 50010—2010

（2）《砌体结构工程施工质量验收规范》GB 50203—2011

（3）《混凝土结构耐久性设计规范》GB/T 50476－2008

【学习支持】

1. 建筑材料的组成

建筑材料组成通常用三种表示方法：化学组成、矿物组成和相组成。

（1）化学组成

建筑材料的化学组成是指构成材料的化学元素及化合物的种类及数量，通常可分为无机材料、有机材料和复合材料三类。无机材料又分为金属材料和非金属材料，金属材料主要有钢材、铝合金等；非金属材料包括天然石材、混凝土、玻璃、陶瓷等；有机材料包括木材、沥青、塑料、涂料等；复合材料包括钢筋混凝土、聚合物混凝土、PVC 钢板等。

建筑材料的化学组成直接决定材料的化学性质，并影响材料的物理性质和力学性质等重要因素。如碳素钢随含碳量增加，其强度、硬度增大，而塑性、韧性降低。

（2）矿物组成

矿物是无机非金属建筑材料中具有的特定的化学成分、晶体结构和物理化学性质的物质。矿物组成是指构成材料的矿物的种类和数量。某些建筑材料的矿物组成是决定其材料性质的主要因素。例如，水泥熟料的矿物组成因含量不同，所表现出的水泥性质各有差异，如硅酸盐水泥的矿物组成主要有硅酸三钙、硅酸二钙、铝酸三钙、铁铝酸四钙，其材料特性是硬化速度快、强度高；在这四种熟料中，如果提高硅酸三钙的含量，可得到高强硅酸盐水泥；提高硅酸三钙和铝酸三钙的含量，可得到快硬性硅酸盐水泥；降低硅酸三钙和铝酸三钙的含量，提高硅酸二钙的含量，可得到低热或中热硅酸盐水泥。

（3）相组成

相是材料中具有相同物理、化学性质的均匀部分。建筑材料大多数是多相固体。物质在温度、压力等条件发生变化时常常会发生相的状态转变，如液、气相和固相。复合材料是由同一物质的两相或两相物质组成的材料，其材料的性质与材料的相组成和界面特性有密切关系。

2. 建筑材料分类

建筑材料按功能可分为结构材料、围护材料和功能材料等三个类别。

（1）结构材料

构成建筑物中承担各类荷载作用的结构，如基础、梁、板、柱、承重墙等。构成这些结构的材料称为结构材料，如混凝土及其制品、钢材、烧结砖、钢筋混凝土、木材、石材等。

（2）围护材料

建筑结构中用于挡风、避雨、遮阳、保温的结构，如砖、内外墙、屋面、楼板等，称为围护结构。用于围护结构的材料是围护材料，常用的围护材料包括砌块、混凝土砌块板、门窗、玻璃等。

（3）建筑功能材料

具有某种特殊功能的非承重材料，如防水材料、绝热材料、吸声材料、隔声材料、装饰材料等。

3. 材料的结构、构造

材料的结构、构造是决定材料性质极其重要的因素。一般从三个层次来观察材料的结构及其与性质的关系。

（1）宏观结构

宏观结构是指用肉眼或放大镜能够分辨的粗大组织，其尺寸在 10^{-3}m 级以上，即毫米级大小以及更大尺寸的构造情况。宏观结构包括基本单元形状、结合形态、孔隙大小、数量等。

1）宏观结构按孔隙特征可分为致密结构、多孔结构和微孔结构。

①致密结构：基本上无孔隙存在的材料，具有密度大，导热性和强度较高的特点，如钢铁（图 1-1）、铝合金、玻璃、沥青等。

②多孔结构：有粗大孔隙的结构的材料，具有轻质、保温隔热性好、隔声吸声性能好等特点，如加气混凝土（图 1-2）、泡沫塑料、各种烧结膨胀材料。

③微孔结构：细微孔隙结构的材料，具有密度小、导热性、抗渗性较差；隔声吸声性和吸水性良好等特点，如屋面瓦（图 1-3）、石膏制品、黏土砖等。

图 1-1　钢材—致密结构　　　图 1-2　加气混凝土—多孔结构　　　图 1-3　屋面瓦—微孔结构

2）宏观结构按存在状态和构造特征可分为纤维结构、层状结构和散粒结构。

①纤维结构：纤维状物质构成的材料，在平行纤维和垂直纤维方向的强度、导热性等方面有显著区别，表现为各向异性。纤维结构一般具有较好的保温和吸声性能，如木材、纤维制品等（图 1-4）。

②层状结构：采用粘结或其他方式将材料叠合成层状的结构（图 1-5）。层状结构可以改善单层材料的性质，如沥青混凝土路面就是典型的层状结构。

③散粒结构：松散颗粒状的材料，如混凝土骨料、陶粒（图 1-6）等，一般用作绝热材料的粉状和粒状填充料。

（2）亚微观结构

亚微观结构也称为细观结构，是用光学显微镜所看到的微米级的材料内部结构，其尺寸范围在 $10^{-3} \sim 10^{-6}$m。该结构主要涉及材料内部晶粒等的大小和形态、晶界或界面、孔隙、微裂纹等。一般而言，材料内部的晶粒越细小、分布越均匀，则材料的强度越高、脆性越小、耐久性越好；不同组成间的界面粘结或接触越好，则材料的强度、耐久性等越好。

图 1-4　木材—纤维结构

图 1-5　胶合板—层状结构

图 1-6　陶粒—散粒结构

（3）微观结构

微观结构是组成材料的原子、分子层次的结构，通过电子显微镜分析材料的结构特征。微观结构的尺寸范围在 $10^{-6} \sim 10^{-10}$m。微观结构分为晶体结构、非晶体结构和胶体结构。建筑材料内部的微观结构决定了材料的机械强度、硬度、熔点等性质。

4. 材料孔隙对材料性能的影响

大多数材料在宏观结构层次或亚微观结构层次上均含有一定大小和数量的孔隙，甚至是相当大的孔洞，这些孔隙对材料的性质有相当大的影响。

（1）孔隙的分类

1）材料内部的孔隙按尺寸大小，可分为微细孔隙、细小孔隙、较粗大孔隙、粗大孔隙（不同的材料划分的尺度不同）。

2）按孔隙的形状可分为球形孔隙、片状孔隙（即裂纹）、管状孔隙等。

3）按常压下水能否进入孔隙中，又可分为开口孔隙（或连通孔隙）和闭口孔隙（或封闭孔隙）（图 1-7）。在常压下闭口孔隙进不去水，但当水压力很高时水可能会沿着材料内部的微细孔隙或裂纹进入到部分闭口孔隙中。

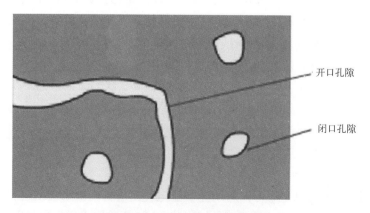

图 1-7　材料内部孔隙示意图

（2）孔隙形成的原因

1）水分的占据作用：水泥、石膏、混凝土在搅拌过程中，为保证达到施工要求的流动性和可塑性，实际用水量通常超过理论用水量，多余的水即形成了材料内部的毛细孔隙，水分蒸发或泌水后留下的通道为开口的孔隙。

2）外加发泡作用：生产加气混凝土过程中添加的发泡剂、引气剂，是能促进发生泡沫，在材料内部形成闭孔或联孔结构的物质，从而形成大量的孔隙。

3）火山作用：火山爆发时岩浆上升、压力降低、气体膨胀，直到岩浆迅速冷却后，产生大量水蒸气和其他气体，在岩石中形成大量孔隙。

4）焙烧作用：材料在高温下出现熔融时，因材料内部某些成分的作用而产生气体膨胀形成的孔隙。如烧结黏土砖时，砖坯中的空气和水蒸气受热膨胀形成孔隙，若由通路溢出，则形成开口孔隙；脱氧不完全的钢材内部也会产生气泡。

（3）孔隙对材料性质的影响

1）孔隙率的大小反映了材料的致密程度。材料内部的孔隙含量（即孔隙率）越多，则材料体积密度、堆积密度、强度越小，耐磨性、（抗冻性）、抗渗性、耐腐蚀性及其耐久性越差，而保温性、吸声性、吸水性和吸湿性等越强。材料的力学性质、热工性质、声学性质、吸水性、吸湿性、抗渗性、抗冻性等都与孔隙率有关。

2）孔隙的形状和孔隙状态对材料的性能有不同程度的影响，在孔隙率相同的情况下，材料的开口孔越多，则材料的强度低、抗渗性、抗冻性、耐腐蚀性差，但吸声性能较好。材料的孔隙尺寸愈大，上述影响愈明显。闭口孔隙含量多，材料的保温隔热性能好。

3）在材料的内部引入适量的闭口孔可增强其抗冻性。一般情况下，孔越细小、分布越均匀对材料越有利。

5. 建筑材料与结构设计、施工方法、工程造价、工程质量的关系

建筑材料是建筑工程的物质基础，直接关系到建筑物的结构形式、产品质量和工程造价。材料决定了建筑物的结构设计、施工方法，并直接关系到建筑工程质量。建筑材料的选择在很大程度上决定了建筑物的质量和功能，影响着建筑物的实用性、耐用性、经济性和艺术性。建筑材料的发展赋予了建筑物时代特征和风格，新型建筑材料的研发推动了建筑结构设计和施工工艺的变化，而新的结构设计和施工工艺对建筑材料的品种和质量也提出了更高的要求。建筑材料的发展创新与建筑技术二者相互推动、相互制约。建筑材料用量很大，土木工程的材料价格占工程总造价的50%～60%，直接影响到建设投资。了解建筑材料的组成、构造，掌握建筑材料基本性质，从而在工程中合理选用建筑材料。

【能力测试】

1. 建筑材料按照功能可划分为哪几大类？
2. 两个孔隙率相同的同体积的材料，吸水率是否一定相同？

项目2 材料的基本物理性质

【项目概述】

材料的基本物理性质包括与质量有关的性质、与水有关的性质和热工性能等，通过学习基本物理指标了解材料的基本性能和各种物理性能之间的相互关系。

【学习支持】

1. 与质量和体积有关的性质

（1）密度的概念

1）密度（绝对密度）

材料在绝对密实状态下（不含内部所有孔隙体积）单位体积的质量，用 ρ 表示：

$$\rho = \frac{m}{V} \tag{1-1}$$

式中 ρ——材料的密度（kg/m³）；

　　m——材料的干燥质量（kg）；

　　V——材料在绝对密实状态下的体积（m³）。

密度的测定：

密实状态下的体积是指不包括孔隙在内的体积。绝对密实的材料，分别测定其质量和体积。除了钢材、玻璃等少数接近于绝对密实的材料外，绝大多数材料都有一些孔隙，如砖、石材等块状材料。在测定孔隙的材料密度时，应把材料磨成细粉，以排除其内部的孔隙，经干燥至恒重后，用密度瓶（李氏瓶）（图 1-8）测定实际体积，该体积可视为材料在绝对密实状态下的体积。材料研磨的愈细，测定的密度值愈精确。

图 1-8　李氏瓶

2）表观密度

材料在自然状态下的体积，包含了材料内部孔隙的体积。用 ρ' 表示：

$$\rho' = \frac{m}{V'} = \frac{m}{V + V_b} \tag{1-2}$$

式中 ρ'——材料的表观密度（kg/m³）；

　　V'——材料的表观体积（m³）；

　　V_b——闭口孔隙体积（m³）。

当材料含有水分时，其重量和体积都会发生变化。一般测定表观密度时，以干燥状态为准；如果在含水状态下测定密度，须注明含水情况。

表观密度的测定：

在试验室中测定的通常为烘干至恒重状态下的表观密度。对于一些散状材料如水泥、砂、石子等，由于材料本身已成粉状态；且这些材料再磨细较困难，通常直接采用排水法测定其体积（该体积含材料实体和内部的闭口孔隙）。

3）体积密度

块状或粒状材料在自然状态下（包括内部所有孔隙体积）单位体积的质量，用 ρ_0 表示：

$$\rho_0 = \frac{m}{V_0} = \frac{m}{V + V_b + V_k} \tag{1-3}$$

式中 ρ_0——体积密度（kg/m³）；

V_k——开口孔隙体积（m³）。

体积密度的测定：

材料在自然状态下的体积是指包含材料内部开口孔隙和闭口孔隙的体积。对于外形规则的材料，其表观密度测定只要测得材料的重量和体积（可用量具量测），即可计算；不规则材料的体积要采用排水法求得，材料表面应预先用蜡封闭，防止水分渗入材料内部影响测量结果。

4）堆积密度

含有孔隙的材料，密实度均小于1。若以捣实体积计算时，则称紧密堆积密度。散粒材料在自然堆积状态下的体积，包括颗粒内部的孔隙以及颗粒之间空隙在内的总体积，以 ρ_0' 表示：

$$\rho_0' = \frac{m}{V_0'} = \frac{m}{V_0 + V_空} = \frac{m}{V + V_b + V_k + V_空} \tag{1-4}$$

式中 ρ_0'——堆积密度（kg/m³）；

V_0'——材料的堆积体积（m³）。

由于大多数材料或多或少含有一些孔隙，故一般材料的堆积密度总是小于密度。材料的堆积体积包括材料的绝对体积、内部所有空隙体积和颗粒间的空隙体积。

堆积密度的测定：

散粒材料堆积状态下的外观体积，既包含了颗粒自然状态下的体积，又包含了颗粒之间的空隙体积。散粒材料的体积可用已标定容积的容器测得（图1-9），如砂石子料等；散粒材料的堆积方式是松散的，为自然堆积；材料经捣实测得的体积为紧密堆积，由紧密堆积测试得到的是紧密堆积密度。常用土木工程材料密度见表1-1。

图1-9 表观密度测试仪

常用土木工程材料密度、表观密度和堆积密度　　　　表1-1

材料名称	密度（g/cm³）	表观密度（kg/m³）	堆积密度（kg/m³）
碎石	—	2650～2750	1400～1700
砂	—	2630～2700	1450～1700

材料名称	密度（g/cm³）	表观密度（kg/m³）	堆积密度（kg/m³）
黏土	2.6	—	1600 ~ 1800
水泥	3.10	—	1100 ~ 1300
烧结普通砖	2.70	1600 ~ 1900	—
烧结空心砖（多孔砖）	2.70	800 ~ 1480	—
红松木	1.55	400 ~ 800	—
泡沫塑料	—	20 ~ 50	—
玻璃	2.55		—
普通混凝土	—	2100 ~ 2600	—
钢材	7.85	7850	—

（2）材料的密实度和孔隙率

1）材料的密实度

材料的密实度是指材料体积内被固体物质充实的程度，也就是材料内部固体物质体积占材料总体积的比例，用来 D' 表示。

$$D' = \frac{\rho_0{'}}{\rho_0} \times 100\% \tag{1-5}$$

$$D' = \frac{V_0}{V_0{'}} \times 100\% \tag{1-6}$$

密实结构材料内部基本上无孔隙，结构致密，密实度高，孔隙率小。其特点是材料强度高、吸水性小、抗渗性和抗冻性较好、耐磨性好、绝热性差，多用于高强或不透水的建筑物或部位。孔隙率较高的材料结构特点是强度较低、抗渗性和抗冻性较差、吸水性较大、绝热性较好，多用于保温隔热的建筑物部位。

2）孔隙率

孔隙率是指材料体积内，孔隙体积占材料总体积的百分率，用 P 表示。孔隙可分为闭口孔和开口孔。孔隙用 V 表示：

$$P = \frac{V_0 - V}{V_0} \times 100\% = \left(1 - \frac{\rho_0}{\rho}\right) \times 100\% \tag{1-7}$$

或

$$P = \frac{V_v}{V_0} = \frac{V_k + V_b}{V_0} = \frac{V_k}{V_0} + \frac{V_b}{V_0} = P_k + P_b \tag{1-8}$$

式中 V_0——材料在自然状态下的体积，包括材料的开口孔隙、闭口孔隙（m³）；

V_v——材料内部孔隙的体积（m³）。

材料的孔隙率可以分为开口孔隙率 P_k 和闭口孔隙率 P_b。开口孔隙率的计算公式中，常将材料吸水饱和状态时所吸水的体积视为开口孔隙体积。

$$P_k = \frac{V_k}{V_0} = \frac{V_水}{V_0} = \frac{m_饱 - m_干}{\rho_水 \cdot V_0} \times 100\% \tag{1-9}$$

$$P_b = P - P_k \tag{1-10}$$

式中 P_k——开口孔隙率；

P_b——闭口孔隙率；

P——孔隙率。

3）材料密实度与孔隙率的关系

密实度和孔隙率两者之和为1，两者均反映了材料的密实程度。通常用孔隙率来直接反映材料密实程度。孔隙率的大小对材料的物理性质和力学性质均有影响，而孔隙特征、孔隙构造和大小对材料性能影响较大。孔隙率小，并有均匀分布闭合小孔的材料，建筑性能好。

（3）材料的填充率与空隙率

1）填充率

填充率是指散粒材料（如砂子、石子等）在堆积体积中，被其颗粒实体体积填充的程度。填充率一般用 D' 表示：

$$D' = \frac{V'}{V_0'} \times 100\% = \frac{\rho_0'}{\rho'} \times 100\% \tag{1-11}$$

式中 V'——颗粒体积；

V_0'——堆积体积；

ρ_0'——颗粒密度；

ρ'——堆积密度。

2）空隙率

散粒状材料在自然堆积状态下，颗粒之间空隙体积占总体积的百分率，称为空隙率，用 P' 表示：

$$P' = \frac{V_0' - V'}{V_0'} \times 100\% = \left(1 - \frac{\rho_0'}{\rho}\right) \times 100\% \tag{1-12}$$

空隙率的大小反映了散粒材料的颗粒之间相互填充的致密程度（图1-10）。颗粒状构造的材料颗粒间存在大量的空隙，其空隙率主要取决于颗粒级配。砂石间的空隙需要水泥浆填充。用作混凝土骨料时，要求紧密堆积。混凝土的粗细骨料，空隙率越小，颗粒级配越合理，混凝土越密实，水泥用量越节约。反之，其空隙越大，拌制混凝土所需的水泥浆量越多。如果要节约水泥，减少混凝土的成本，就需要采用空隙率尽可能小的级配砂石。因此在配制混凝土时，砂、石的空隙率是作为控制混凝土中骨料级配与计算混凝土含砂率的重要依据。

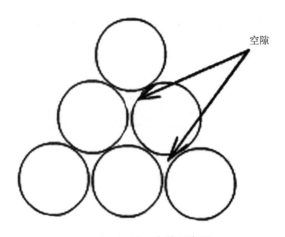

图 1-10 空隙示意图

2. 材料与水有关的性质

组成建筑物的材料经常直接与水或间接与空气中的水分接触。材料与水接触时，首先遇到的问题就是材料能否被水所湿润。湿润是水被材料表面吸附的过程，它与材料本身的性质有关。

（1）材料的亲水性与憎水性（图 1-11）

水可以在材料表面铺展开，即材料表面可以被水浸润，此种性质称为亲水性，具备此种性质的材料称为亲水性材料；若水不能在材料表面上铺展开，即不能被浸润，则称为憎水性，材料称为憎水性材料。

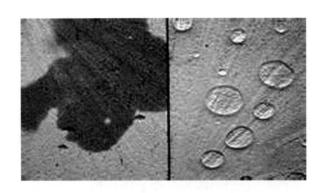

图 1-11 亲水材料和憎水材料

当水与材料在空气中接触时，处于材料、水和空气的三相体系中。水分与不同材料表面之间的相互作用不同。在材料、水和空气的交界处，沿水滴表面的切线与水和固体接触面所成的夹角 θ（润湿边角）愈小，浸润性愈好。一般认为：当 $\theta \leqslant 90°$ 时（图 1-12），表示水分子之间的内聚力小于水分子与材料分子间的吸引力，这种材料称为亲水性材料；当 $\theta > 90°$ 时（图 1-13），表示水分子之间的内聚力大于水分子与材料分子间的吸引力，这种材料称为憎水性材料。

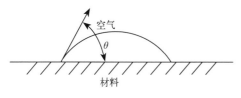

图 1-12 亲水性材料 $\theta \leqslant 90°$

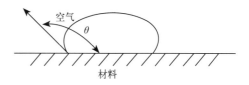

图 1-13 憎水性材料 $\theta > 90°$

含毛细孔的亲水材料可自动将水吸入孔隙内，建筑材料中的混凝土、木材、砖等为亲水性材料，可以帮助其他材料增强水的融合。如混凝土中添加的减水剂，可以增强混凝土的和易性、减少用水量，如配置同样强度的混凝土，可以减少水泥用量；而防水材料就充分利用了材料憎水性的特点，如沥青、石蜡等。

（2）吸水性与吸湿性

1）材料的吸水性

吸水性是指建筑材料吸收水分的能力，可分为质量吸水率和体积吸水率。质量吸水率指材料吸入饱和水的质量与干燥状态下质量的百分率；体积吸水率是指材料吸入饱和水的体积占材料自然状态下体积的百分率。材料的吸水率用 W 表示：

$$W_{质}=\frac{m_{湿}-m_{干}}{m_{干}}\times100\% \tag{1-13}$$

$$W_{体}=\frac{V_{水}}{V_0}=\frac{m_{湿}-m_{干}}{\rho_{水}V_0}\times100\% \tag{1-14}$$

$$W_{体}=W_{质}\times\frac{\rho_0}{\rho_{水}}\times W_{水} \tag{1-15}$$

式中 $W_{质}$——质量吸水率；

$W_{体}$——体积吸水率；

V_0——材料自然状态下的体积。

材料吸水率是材料经水浸湿饱和后按标准方法测定的，如果建材试验件处于自然含水，这样测得的水和材料在干燥状态下质量比的百分率是含水率，而不是吸水率，含水率随着环境的变化而变化，而吸水率是一个定值，建材的吸水率是材料的最大含水率。

建筑材料吸水率增大，导致体积密度增加、体积膨胀、导热性增大、强度和抗冻性下降等。建筑材料的吸水率不仅和亲水性或憎水性有关，还与孔隙率大小和孔隙形态特征有关，一般来说孔隙率越大，吸水率也越大；闭口孔隙水分不能进入，而极大的开口孔隙又不容易吸满水分，具有很多微小开口孔隙的材料吸水率很大。各种建筑材料的吸水率范围变化也很大，混凝土一般为 2% ～ 5%，黏土砖一般为 5% ～ 20% 等，而木材或其他轻质材料吸水率可大于 100%。

2）材料的吸湿性

吸湿性指材料在潮湿空气中吸收水分的性质，以含水率 W_h 表示，即材料中所含水的质量与材料在干燥状态下的质量的百分比：

$$W_h = \frac{m_s - m}{m} \times 100\% \tag{1-16}$$

式中 W_h——材料的含水率（%）；

      m——材料在干燥状态下的质量（g/kg）；

      m_s——材料吸湿后的质量（g/kg）。

吸湿作用一般是可逆的，材料既可吸收空气中的水分，又可向空气中释放水分。建筑材料在正常使用状态下，均为平衡含水状态。一般亲水性强、含有开口孔隙的材料，其平衡含水率较高。吸湿对材料性能有显著影响，如木材能大量吸收水气而增加重量，降低强度和改变尺寸，木制门窗在潮湿环境中往往不易开关，就是由于吸湿膨胀而引起的；保温材料如吸湿含水后，热导率增大，保温性能降低。

影响材料吸湿性的因素较多。除了环境的温度和湿度的影响外，材料的亲水性、孔隙率与孔隙特征等对吸湿性都有影响。亲水性材料比憎水性材料有更强的吸湿性，材料中孔对吸湿性的影响与其对吸水性的影响相似。

（3）耐水性

建筑材料的耐水性是指在水的作用下建材保持其原有性质的能力，即材料在完全被水浸湿状态下的抗压强度和材料在干燥状态下的抗压强度的比值，衡量材料耐水性的指标用软化系数 K_R 表示：

$$K_R = \frac{f_b}{f_g} \tag{1-17}$$

式中 K_R——材料的软化系数；

      f_b——材料在饱水状态下的抗压强度（MPa）；

      f_g——材料在干燥状态下的抗压强度（MPa）。

K_R 的大小表明材料在浸水饱和强度降低的程度。一般材料里浸水后强度都会降低，因为水分在材料微粒表面形成水膜，削弱微粒之间的结合力。材料的软化系数越小，表示其吸水后强度下降越大，耐水性越差。不同材料的软化系数也相差很大，K_R 在 $0 \sim 1$ 之间波动，如黏土为 0，金属为 1。工程中将 $K_R > 0.80$ 的材料称为耐水材料。在设计长期处于水中或潮湿环境中的重要结构时，必须选用 $K_R > 0.85$ 的建筑材料，否则会严重影响建筑结构的安全，受潮较轻的或者次要的结构的材料，$K_R \geqslant 0.75$。

材料的耐水性主要与其组成成分在水中的溶解度和材料的孔隙率有关。溶解度很小或不溶的材料，则软化系数一般较大。若材料可微溶于水（如石灰）且含有较大的孔隙率（如石膏），则其软化系数较小或很小。

（4）抗渗性

材料抵抗压力水渗透的性质称为抗渗性，也称不透水性。材料抗渗性通常用渗透系数 K 和抗渗等级 Pn 表示：

$$K = \frac{Qd}{AtH} \tag{1-18}$$

式中 K——渗透系数（cm/h）；

　　Q——透水量（cm^3）；

　　d——试件厚度（cm）；

　　A——透水面积（cm）；

　　t——时间（h）；

　　H——静水压力水头（cm）。

抗渗等级是以规定的试件，在标准试验方法下所能承受的最大水压力来确定，如 P6 表示可抵抗 0.6MPa 的水压力而不渗透。渗透系数越小或抗渗等级越高，表明材料的抗渗性越好。各种防水材料及受压力水作用部位的材料，都要具有一定的抗渗性。

抗渗性不仅是检验防水材料质量的重要指标，也是决定材料耐久性的主要指标（抗冻性和抗侵蚀性），材料的抗渗性与材料内部的孔隙率特别是开口孔隙率有关，开口孔隙率越大、大孔含量越多，则抗渗性越差；材料的抗渗性还与材料的憎水性和亲水性有关，憎水性材料的抗渗性优于亲水性材料。防水材料应具有好的抗渗性。

（5）抗冻性

冻害主要是由于材料内部毛细孔隙中的水结冰，体积膨胀所产生的冻胀压力造成材料的内应力，会使材料遭到局部破坏。随着冻融循环的反复，材料的破坏作用逐步加剧，这种破坏称为冻融。材料冻融破坏表现为表面出现剥落、裂纹、质量损失，强度降低。

材料的抗冻性是指材料在水饱和状态下能够抵抗多次冻融循环作用不破坏，强度也不显著降低的性质，用"混凝土抗冻标号"或"混凝土抗冻等级"表示。混凝土抗冻标号指用慢冻法测得的最大冻融循环次数来划分的混凝土的抗冻性能等级，以符号 Dn 表示；混凝土抗冻等级指用快冻法测得的最大冻融循环次数来划分的混凝土的抗冻性能等级，以符号 Fn 表示。因为抗冻性好的材料对于抵抗大气温度变化、干湿交替等风化作用的能力较强，所以抗冻性常作为考查材料耐久性的一项指标。烧结普通砖、陶瓷面砖、轻混凝土等墙体材料，其抗冻标号一般为 D15 或 D25，用于桥梁和道路的混凝土应为 D50、D100 或 D200，水工混凝土高达 D500。

材料的抗渗性和抗冻性与孔隙率、孔隙大小和特征等有很大关系；孔隙率小及具有封闭孔的材料有较高的抗渗性和抗冻性；若具有细微而连通的孔隙，则对抗渗性和抗冻性均不利；与吸水性相反，吸水性越好，抗冻性越差；抗冻性的好坏也取决于材料的强度，强度越高，抵抗力破坏能力越强，即抗冻性越高；要提高材料的抗冻性，需减少开口孔隙，增大总的孔隙率。如在生产材料时常有意引入部分封闭的孔隙，如在混凝土中掺入引气剂，这些闭口孔隙可切断材料内部的毛细孔隙，使开口孔隙减少，当开口的毛细孔隙中的水结冰时，所产生的压力可将开口孔隙中尚未结冰的水挤入到无水的封口孔隙中，即这些封闭孔隙可起到卸压的作用，大大提高混凝土的抗冻性能。但引入气泡后，混凝土的孔隙率增大，强度会降低。

3. 材料的热工性能

（1）导热性质

材料传递热量的性质称为材料的导热性，以导热系数来表示，材料导热系数越小，材料的保温隔热性能越好。

$$\Phi = -\lambda A \left(\frac{\mathrm{d}t}{\mathrm{d}x} \right) \qquad (1\text{-}19)$$

式中　Φ——导热量（W）；

　　　λ——导热系数；

　　　A——传热面积（m^2）；

　　　t——温度（K）；

　　　x——在导热面上的坐标（m）；

　　$\mathrm{d}t/\mathrm{d}x$——是物体沿 x 方向的温度变化率。

导热系数与建筑材料的化学组成、显微结构、孔隙率、孔隙形态特征有关，也与建筑材料的组成结构、密度、含水率、导热时的温度等因素有关。影响材料的导热系数主要的因素：

1）材料的组成与结构，一般地说导热系数，金属材料大于非金属材料、无机材料大于有机材料、晶体材料大于非晶体材料；

2）同种材料孔隙率越大，导热系数越小。孔隙率随体积密度的减小而增大，与之相对应的导热系数随体积密度的减小而减小。由细微而封闭孔隙组成的建筑材料，导热系数较小；反之，粗大而连通的建筑材料空气可以形成对流，使得传递的热量增加，导热系数较大；

3）材料含水或含冰时，会使导热系数急剧增加。因为水的导热系数比较高，是空气的 25 倍，而冰的导热系数又是空气的 100 倍左右，所以，建筑材料结冰时，导热系数就会升高，绝热性能大幅度降低；

4）大多数材料（除了金属）的导热系数随着温度升高而增加。

（2）比热容

材料受热时吸收热量，冷却时放出热量的性质称为材料的比热容。理想的建筑材料导热系数小、热容量大；围护材料的热容量越大，建筑室内的温度越稳定。热容量的大小用比热容 Q 表示：

$$Q = cm \, (T_2 - T_1) \qquad (1\text{-}20)$$

式中 Q——材料吸收或放出的热量（J）；

　　　c——材料的比热（$J/(g \cdot K)$）；

　　　m——材料的质量（g）；

　$(T_2 - T_1)$——材料受热或冷却前后的温差（K）。

水的比热容最大，达到 4.2kJ/（kg·K），所有的建筑材料的比热容都小于水，木材为 2.39～2.724.2kJ/（kg·K）；烧结砖、混凝土为 0.75～0.924.2kJ/（kg·K）；钢材约为 0.484.2kJ/（kg·K）；建筑工程中采用高热容的建筑材料作为围护结构墙体、屋面等或其他构件，可以长时间保持建筑整体温度稳定。

【能力测试】

1. 中空玻璃为什么比同厚度的实心玻璃保温性好？
2. 为什么干燥状态下的保温材料保温效果更好？
3. 密实性结构和多孔结构材料，哪种更适合做保温材料？

项目 3　材料的力学性质

【项目概述】

材料在外力作用下或荷载与环境等因素联合作用下，强度和变形方面所表现出的性能称为材料的力学性质。强度、硬度、塑性、冲击韧性与冷脆性等都属于材料的力学性能。材料的力学性能决定于材料的化学成分、组织结构、冶金质量等内在因素，但外在载荷性质、应力状态、温度、环境介质等对材料的力学性能也有很大影响。作为结构的材料，不仅要求具有足够的强度、刚度、相应的重量，而且还要有经济合理的性价比以及良好的环保性。

【学习支持】

1. 材料的强度

强度指在外力（荷载）作用下材料抵抗破坏的能力。当材料承受外力、荷载、变形限制、温度作用时，内部产生应力。材料内部应力随外力作用的逐渐增加也相应增大，直至应力超过材料内部质点所抵抗的极限，即强度极限，材料发生破坏，此时的极限应力就是材料的强度。

（1）静力强度

静力强度是材料抵抗静荷载产生应力破坏的能力，它是以材料在静荷载作用下达到破坏时的极限应力值来表示的数值，等于材料受力破坏时单位受力面积上所受的力。

$$f = \frac{F}{A} \tag{1-21}$$

式中 f——材料的强度（抗拉、抗压、抗剪强度）（MPa）；

F——破坏荷载（N）；

A——受力面积（mm²）。

材料在建筑物中所承受的外力，主要有压、拉、剪、弯四种（图1-14）。

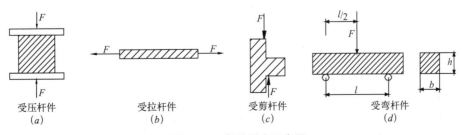

受压杆件　　　受拉杆件　　　受剪杆件　　　受弯杆件
(a)　　　　　　(b)　　　　　　(c)　　　　　　(d)

图 1-14　杆件受力示意图

（2）抗弯强度

受弯构件是钢筋混凝土结构中应用最广泛的一种构件。梁和板是典型的受弯构件。其抗弯强度与受力情况有关，一般试验方法是将条形试件放在两支点上，中间作用一个集中荷载，对矩形截面试件，其抗弯强度用 f_m 表示：

$$f_m = \frac{3FL}{2bh^2} \tag{1-22}$$

式中 f_m——材料的抗弯强度（MPa）；

F——破坏荷载（N）；

L——两点之间的距离；

b、h——材料截面的宽度、高度。

（3）比强度

比强度是材料的抗拉强度与材料表观密度之比，也称强度-重量比。比强度用于评价材料是否轻质高强，比强度越高表明达到相应强度所用的材料质量越轻。

结构材料在土木工程中的主要作用是承受结构荷载，对大部分建筑物来说，相当大部分的承载能力用于承受材料本身的自重。因此，提高结构材料承受外荷载的能力，一方面应提高材料的强度；另一方面应减轻材料本身的自重，这就要求材料应具备轻质高强的特点。优质的结构材料应具有较高的比强度，才能尽量以较小的截面满足强度要求，同时可以大幅度减小结构体本身的自重。在高层建筑及大跨度结构工程中需要采用比强度较高的材料。轻质高强的材料是未来建筑材料发展的主要方向。几种主要材料的强度和比强度见表1-2。

材料的强度与比强度　　　　　　　　　　　　　　　表1-2

材料	表观密度（kg/m³）	强度（MPa）	比强度
低碳钢	7850	420	0.054
混凝土（抗压）	2400	40	0.017
松木（顺纹抗拉）	500	100	0.200
玻璃钢	2000	4500	0.225
烧结砖（抗压）	1700	10	0.006

（4）强度等级

对于以强度为主要指标的材料，通常按强度值的高低划分成若干等级，称为强度等级，砖石、混凝土等按抗压强度划分强度等级；建筑钢材则按抗拉强度划分强度等级。混凝土的强度等级分为C15～C80共14个强度等级；砌筑砂浆按抗压强度划分为M30、M25、M20、M15、M10、M7.5、M5共7个级别。

钢筋牌号由HRB和牌号的屈服点最小值构成，H、R、B分别为热（Hotrolled）、带肋（Ribbed）、钢筋（Bars）三个词的英文首位字母；热轧带肋钢筋分为HRB335、

HRB400、HRB500 等不同等级。

2. 材料的弹性与塑性

材料受外力作用，其内部会产生一种用来抵抗外力作用的内力，同时还伴随材料的变形。根据变形的特点，可将变形分为弹性变形和塑性变形。

（1）弹性变形

材料在外力作用下产生变形，当外力取消后，能够完全恢复原来形状的性质称为弹性，这种完全恢复的变形称为弹性变形（图 1-15）。弹性变形为可逆变形，其数值大小与外力成正比，其比例系数称为弹性模量，材料在弹性变形范围内，弹性模量为常数。弹性模量是衡量材料抵抗变形能力的一个指标，弹性模量愈大，材料愈不易变形，弹性模量是结构设计的重要参数，用 E 表示：

$$E=\frac{\sigma}{\varepsilon} \tag{1-23}$$

式中 E——材料的弹性模量；

σ——材料的应力；

ε——材料的弹性应变。

弹性模量 E 也同时表示塑性变形材料抵抗变形的指标，E 值越大，材料越不容易变形，抵抗变形的能力越强。

（2）塑性变形

在外力作用下材料产生变形，如果取消外力，仍保持变形后的形状和尺寸，并且不产生裂缝的性质称为塑性，这种不能恢复的变形称为塑性变形（图 1-16），塑性变形为不可逆变形。材料塑性的指标用延伸率 δ 和断面收缩率 ψ 表示：

$$\delta=\frac{l-l_0}{l_0}\times100\% \tag{1-24}$$

$$\psi=\frac{A_0-A}{A_0}\times100\% \tag{1-25}$$

式中 δ——延伸率；

ψ——断面收缩率；

l——试件拉断后的长度；

A——试件拉断后断口处的最小横截面面积。

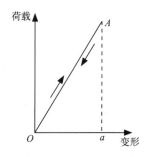

图 1-15　材料的弹性变形

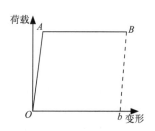

图 1-16　材料的塑性变形

材料的弹性和塑性与材料本身的成分、外界条件有关。单纯的弹性材料并不存在。建筑钢材在受力不大的情况下，表现为弹性变形，但受力超过一定限度后，则表现为塑性变形。混凝土在受力后，弹性变形及塑性变形同时产生。

塑性材料在断裂前变形大，塑性指标高，抗拉能力强。材料的延伸率和断面收缩率数值越大，表示材料的塑性越好。塑性好的材料可以发生大量塑性变形而不被破坏，这样当受力过大时，由于首先产生塑性变形而不致发生突然断裂，比较安全，塑性指标为屈服极限（图1-17）。

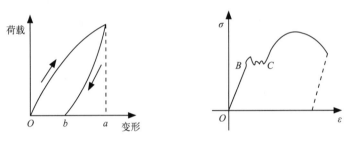

图 1-17　应力－应变（σ-ε）图

3. 材料的脆性与韧性

（1）脆性

当外力达到一定限度后。直至断裂前只发生很小的弹性变形，无明显塑性变形而突然破坏的性质。

脆性材料的特点是塑性变形小，抗压强度高，而抗拉强度低。无机非金属材料多属脆性材料，如砖、石材、陶瓷、玻璃、混凝土、铸铁等。脆性材料的抗压强度比抗拉强度大得多，可达几倍甚至几十倍，但其抵抗冲击或振动荷载的能力差，故常用于承受静压力作用的工程部位如基础、墙体、柱子、墩座等。

（2）韧性

在冲击、振动荷载作用下，材料能够吸收较大的能量，同时也能产生一定的变形而不致破坏的性质称为韧性（冲击韧性）。

材料的韧性是材料断裂时所需要的能量的度量。它与强度、塑性明显不同，强度是使材料变形或断裂所需要应力的度量，塑性是材料变形能力的度量，而能量是力和距离的乘积，是材料的强度和塑性高低的综合反映。在强度相等的情况下，延性材料断裂时所需要的能量比脆性材料多，因此它的韧性也比脆性材料高。韧性材料的特点是变形（特别是塑性变形）大、抗拉强度接近或高于抗压强度。建筑钢材、木材、沥青混凝土等都属于韧性材料；用作承受冲击和振动荷载的构件如路面、桥梁、吊车梁以及有抗震要求的构件。评定材料韧性高低的方法最常用的有两种，即用冲击试验所得的冲击韧性；或者用断裂力学方法与试验测得的断裂韧性。

4. 材料的耐久性

材料的耐久性是指材料在使用条件下，受各种内在或外来自然因素及有害介质的作用，能长期抵抗各种环境因素作用而不破坏，且能保持原有性质的性能。材料的组成、结构、性质和用途不同，对耐久性的要求也不同。

耐久性指标是根据工程所处的环境条件来决定的（图1-18），一般包括材料的抗渗性、抗冻性、耐腐蚀性、抗老化性、耐溶蚀性、耐光性、耐磨性等。例如：处于冻融环境的工程，所用材料的耐久性以抗冻性指标来表示。处于暴露环境的有机材料，其耐久性以抗老化能力来表示。用于建（构）筑物的材料，除要受到各种外力的作用之外，还经常要受到环境中许多自然因素的破坏作用。这些破坏作用包括物理、化学、机械及生物的作用，见表1-3。

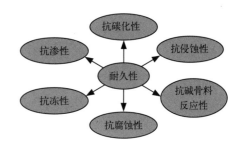

图 1-18　影响材料耐久性的因素

耐久性及破坏因素关系

表 1-3

名　称	破坏因素分类	破坏因素种类	评定指标
抗渗性	物理	压力水	渗透系数、抗渗等级
抗冻性	物理、化学	水、冻融作用	抗冻等级、抗冻系数
冲磨气蚀	物理	流水、泥砂	磨蚀率
碳化	化学	CO_2、H_2O	碳化深度
化学侵蚀	化学	酸碱盐及溶液	
老化	化学	阳光、空气、水	
锈蚀	物理、化学	H_2O、O_2、Cl^-、电流	锈蚀率
碱骨料反应	物理、化学	H_2O、活性集料	膨胀率
腐朽	生物	H_2O、O_2、菌	
虫蛀	生物	昆虫	
耐热	物理	湿热、冷热交替	
耐火	物理	高温、火焰	

提高材料耐久性的措施：

（1）提高材料本身对外界作用的抵抗能力（如提高密实度、改变孔隙构造和改变成分等）；

（2）设法减轻大气或其他介质对材料的破坏作用（如降低湿度、排除侵蚀性物质等）；

（3）适当改变成分，进行憎水处理，防腐处理；

（4）选用其他材料对主体材料加以保护（如做保护层、刷涂料和做饰面等）。

【能力测试】

1. 应用钢材及混凝土分别是利用了材料的哪种特性？

2. 影响材料耐久性的因素有哪些？

模块 2
建筑工程材料及检测的相关法规

【模块概述】

本模块划分为 3 个项目: 现场试验工作、见证取样及送检和建筑工程材料及检测相关法规。通过本模块的学习, 使学生了解现场试验工作的内容、工作程序; 熟悉国家标准及行业标准中对建筑材料的技术要求; 掌握建筑工程材料及检测相关法规, 检测管理办法和见证取样及送检。

【学习目标】

(1) 了解建筑材料现场复测抽样检测的目的和意义。
(2) 掌握现场试验的人员、设备和现场试验工作的要求。
(3) 了解见证取样的目的。
(4) 掌握见证取样的送检项目、送检程序、送检管理。
(5) 了解建设工程质量管理条例。
(6) 了解建设工程质量检测管理办法。
(7) 了解检测机构资质标准。
(8) 掌握建设工程检测试验管理规范。
(9) 掌握房屋建筑和市政基础设施工程质量检测技术管理规范。

项目 1 现场试验工作

【项目概述】

1. 项目描述

现场试验工作是指依据国家、行业、地方等相关标准, 对建设工程施工所使用的材料或施工过程中为控制质量而进行的试样 (件) 抽取, 委托检测单位进行质量评价的活动；其中也包括现场试验人员直接进行的半成品性能、工序质量等检测试验活动。

多年来，行业主管部门在广泛调查研究、总结建筑工程施工现场的检测试验技术管理的实践经验的基础上，逐步把管理的重点指向了建筑工程施工现场的检测试验技术工作。住房和城乡建设部于 2010 年 7 月 1 日颁布实施的国家行业标准《建筑工程检测试验技术管理规范》JGJ 190-2010，是新中国成立以来，首次以"规范"的形式，对建筑工程施工现场的检测试验技术工作加以规范。这从一个侧面反映出了施工现场试验工作的重要性。

2. 检验依据

《建筑工程检测试验技术管理规范》JGJ 190-2010

【学习支持】

1. 现场试验工作的重要性

建设工程质量关乎着人民群众生命、公有私有财产的安危。"质量第一，百年大计"，始终是党和政府的一贯方针，是百姓关注的头等大事。而对建设工程内在质量的评价是通过检测来完成的。

建设工程质量检测是一个由施工现场抽取试样、委托送检、监理单位见证、检测单位验收试样并对试样进行试验或直接对现场实体进行检测、最终出具试验报告的系统工程。系统中的参与各方同时肩负着真实客观评价建设工程质量的重大责任。所以，《建筑工程检测试验技术管理规范》JGJ 190-2010 中以强制性条文，对建设工程质量检测参与各方做出了严格规定：

（1）施工单位及其取样、送检人员必须确保提供的检测试样具有真实性和代表性；

（2）进场材料的检测试样，必须从施工现场随机抽取，严禁在现场外制取；

（3）施工过程质量检测试样，除确定工艺参数可制作模拟试样外，必须从现场相应的施工部位制取；

（4）对检测试验结果不合格的报告严禁抽撤、替换或修改；

（5）见证人员必须对见证取样和送检的过程进行见证，且必须确保见证取样和送检过程的真实性；

（6）检测机构应确保检测数据和检测报告的真实性和准确性。

以上 6 条强制性条文中，有 4 条都是针对建设工程施工的现场试验工作，其中 3 条直指试样抽取。

之所以如此重视现场试验管理工作，是因为如果用于建设施工的材料和施工过程中所抽取的试样不真实、不具有代表性，那么后面的一切检测工作都变成了无的之矢，毫无意义。

2. 现场材料抽取试样复试的目的和意义

任何建筑物都不是凭空而来的，是由各种建筑材料搭建而成，建筑材料质量的优劣直接关系建筑物的质量。

建筑材料运抵现场，在应用该种材料进行施工前，施工现场试验人员按标准规定从现场抽取材料试样委托检测机构进行检测，得到材料质量合格的试验报告后，再应用该种材料进行施工；反之，材料质量不合格，按照规定进行处置。从而杜绝了不合格材料进入施工过程。这是现场材料抽取试样复试的根本目的和意义。

材料进入施工现场一般都附有厂家的产品质量合格证，但为了防止下列情况发生：

（1）在包装、搬运、运输过程或其他情况下，材料质量发生变化；

（2）产品质量合格证与材料实际质量不符等。

所以材料进入施工现场后要按标准规定在现场取得试样，到检测机构进行质量性能、质量合格与否的复试。

3. 施工过程质量试件抽取检测的目的和意义

一个简单的道理是，我们不可能每建起一座建筑物后，为了检验最终质量而对它进行整体的破坏性荷载试验。那么，建筑物的实体质量如何体现呢？它是利用施工过程中或每道工序进行当中按照相关标准规定随机抽取试样（件），在标准规定时间委托检测单位对试样（件）进行检测，以试样（件）的质量检测结果来评价建筑物的实体质量。

如混凝土结构施工，在浇筑过程当中，按照相关规范要求的取样频率抽取试样，按标准要求制作成试件、养护至规定龄期，委托检测单位进行抗压强度试验，得到混凝土试件的抗压强度结果，以此反映抽取试样时所浇筑混凝土结构的强度。

反之，施工过程中没有按相关标准规定抽取试样，或抽取试样时掺杂进其他虚假因素，就无法获得检测结果或是虚假的检测结果；那么，就不能对建筑物的实体质量进行客观的评价。在这种情况下，要么是建筑物可能存在着质量隐患，要么，就要动用更多的人力、物力对建筑物进行实体检测。

建设工程作为一种特殊的产品，除具有一般工业产品具有的质量特性外，还具有其特定的内涵。综上所述，现场试验工作是保证建设工程质量的第一道关卡，其重要性显而易见。

4. 现场试验工作的组织与实施

《建筑工程检测试验技术管理规范》JGJ 190–2010 中第 3.0.3 条明确规定："建筑（设）工程施工现场检测试验的组织管理和实施应由施工单位负责。当建筑（设）工程实行总承包时，可由总承包单位负责整体组织管理和实施，分包单位按合同确定的施工范围各负其责"。

（1）该条款明确规定了施工现场检测试验组织管理的责任者是施工单位，这与哪方（建设单位或施工单位）与检测机构签订检测试验合同无关。

（2）该条款确定了总承包单位的整体组织管理和实施的责任；分包单位可按施工范围各负其责，但应服从总包方的整体组织管理。

5. 现场试验人员、仪器设备、设施

建筑（设）工程施工现场应配备满足检测试验需要的试验人员、仪器设备、设施及相关标准。

这是根据多年来的实践经验，依据科学的管理方法总结出来的施工现场开展检测试验工作具备的基本条件，是保证建设工程施工质量的重要前提之一。

（1）施工现场试验所配备的现场试验人员应掌握相关标准，并应经过技术培训、考核。

（2）为了保证现场试验工作的顺利进行，施工现场应配置必要的仪器、设备；并应建立仪器、设备管理台账，按有关规定对应进行检定（校准）的仪器、设备进行计量检定（校准）。并应做好日常维护保养，保持状态完好。

（3）施工现场的试验环境与设施，如工作间、标准养护室及温、湿度控制等设施应能满足试验工作的要求。

（4）施工现场试验工作的基本条件可参照表 2-1 进行配置。

现场试验工作基本条件   表 2-1

项目	基本条件
试验人员	根据工程规模和试验工作的需要配备，宜为 1 ~ 3 人
仪器设备	根据试验项目确定。一般应配备：天平、台秤、温湿度计、混凝土和砂浆试模、振动台、坍落度筒、环刀、烘箱等
设施	工作间面积不宜小于 $15m^2$
	对全现浇钢筋混凝土结构工程，宜设标准养护室，不具备条件时可采用养护箱或养护池，温、湿度应符合标准规定

（5）为了使现场试验人员能够按照标准方法抽取、制作试样（件），施工现场应为现场试验人员配备相关的技术标准。

6. 现场试验管理制度

各种科学的管理制度都是人类实践经验的总结，是为了达到某种目的而对制度执行人的行为进行规范和约束。

《建筑工程检测试验技术管理规范》JGJ 190-2010 中第 5.1.1 条规定："施工现场应建立健全检测试验管理制度，施工项目技术负责人应组织检查检测试验管理制度的执行情况"。为了达到规范施工现场的试验行为的目的，规范提出建立健全检测试验管理制度的具体要求；同时规定了施工项目技术负责人是管理制度执行情况的第一责任人。

施工现场检测至少应涵盖以下几项试验管理制度：

（1）岗位职责；

（2）现场试样制取及养护管理制度；

（3）仪器设备管理制度；

（4）现场检测试验安全管理制度；

（5）检测试验报告管理制度。

7. 建立试验台账

试验台账是记录检测试验综合信息的文档工具。建筑工程的施工周期一般较长，为确保检测试验工作按照检测试验计划和施工进度顺利实施，做到不漏检、不错检，并保证检测试验工作的可追溯性，对检测频次较高的检测试验项目应建立试样台账，以便管理。

检测试验结果是施工质量控制情况的真实反映。将不合格或不符合要求的检测试验结果及处置情况在台账中注明，并将台账作为资料保存，不仅能真实反映施工质量的控制过程，还能为检测试验工作的追溯提供依据。

施工现场一般应按单位工程分别建立下列试样台账：

（1）钢筋试样台账；

（2）钢筋连接接头试样台账；

（3）混凝土试件台账；

（4）砂浆试件台账；

（5）需要建立的其他试件台账。

《建筑工程检测试验技术管理规范》JGJ 190-2010 中，对试样台账的保存做出了规定："试样台账应作为施工资料保存"。

8. 确保取样的真实性和代表性

施工现场试验管理工作的根本，就是为了达到一个目的：即确保试验取样具有真实性和代表性。

《建筑工程检测试验技术管理规范》JGJ 190-2010 中第 3.0.4 条，以强制性条文明确规定："施工单位及其取样、送检人员必须确保提供的试样具有真实性和代表性"。

如前文所述，检测试样如果是虚假的或不具有代表性，那后面的一道道工作都失去了意义；所以检测试样的真实性和代表性对工程质量的判定至关重要，必须明确其所承担的法律责任。

（1）检测试样的"真实性"，即该试样是按照有关规定真实制取，而非造假、替换或采用其他方式形成的假试样；而"代表性"是指该试样的取样方法、取样数量（抽样率）、制取部位等应符合有关标准的规定或符合科学的取样原则，能代表受检对象的实际质量状态。

（2）由于取样和送检人员均隶属于施工单位，故规定施工单位应对所提供的检测试样的真实性和代表性承担法律责任；而具体实施取样、送样的相应人员也应对所提供试样的真实性和代表性承担相应的法律责任。

9. 建设工程施工现场检测试验工作程序

（1）制订检测试验计划；

（2）制取（养护）试样；

（3）试样标识；

（4）登记台账；

（5）委托送检；

（6）试验报告管理。

所谓工作程序，并不是一定要顺序照搬，有可能是穿插进行的，但以上 6 项工作，是不可或缺的。本书对施工现场检测试验技术管理的工作程序作了一般规定，也可以说是主要步骤。

（1）制订检测试验计划

建设工程施工是一项庞杂的系统工程，条块分割、纵横交叉；但检测试验却是贯穿几乎整个施工过程。制订检测试验计划是施工质量控制的重要环节，也是预防措施。有了计划，才能合理配置、利用检测试验资源，规范有序，避免漏检错检。

以下介绍 3 个问题，即计划由谁负责制订，怎样制订（编制要求及计划调整），依据是什么，方便施工现场有关人员具体实施。

1）施工检测试验计划应在工程施工前，由施工项目技术负责人组织有关人员编制，且现场试验人员应参与其中；并应报送监理单位进行审查和共同实施。

2）根据施工检测试验计划应制订相应的见证取样和送检计划。

3）施工检测试验计划应按检测试验项目分别编制，且应包括以下内容：

①检测试验项目名称；

②检测试验参数；

③试样规格；

④代表批量；

⑤施工部位；

⑥计划检测试验时间。

4）施工检测试验计划编制应依据国家有关标准的规定和施工质量控制的需要，并应符合以下规定：

①材料的检测试验应依据预算量、进场计划及相关标准规定的抽检率确定抽检频次；

②施工过程质量检测试验应依据施工流水段划分、工程量、施工环境及质量控制的需要确定抽检频次；

③工程实体质量与使用功能检测应按照相关标准的要求确定检测频次；

④计划检测试验时间应根据工程施工进度计划确定。

5）发生下列情况之一并影响施工检测试验计划实施时，应及时调整施工检测试验计划：

①设计变更；

②施工工艺改变；

③施工进度调整；

④材料和设备的规格、型号或数量发生变化。

6）调整后的检测试验计划应重新报送监理单位进行审查。

目前，我国各省、市对见证取样项目及比例规定有所不同，近年新编或新修订的标准对某些检测项目也做出了见证试验的要求，为保证见证检测项目及抽检比例符合规定，监理单位应根据施工检测试验计划和施工单位共同制定相应的见证取样和送检计划。

监理单位对检测试验计划的实施进行监督是保证施工单位检测试验活动按计划进行的必要手段。

（2）制取试样（件）

制取试样（件）是现场试验人员的主要工作，应尽职尽责，确保提供的试样具有真实性和代表性。

试样（件）制取一般包括两部分内容：

1）材料进场检测，如水泥、钢材、防水材料、保温材料等。

2）施工过程质量检测试验，如混凝土、砂浆试件，钢筋连接试件等。

《建筑工程检测试验技术管理规范》JGJ 190-2010 中第5.4.1条以强制性条文规定了："进场材料的检测试样，必须从施工现场随机抽取，严禁在现场外制取。"

《建筑工程检测试验技术管理规范》JGJ 190-2010 中第5.4.2条以强制性条文规定了："施工过程质量检测试样，除确定工艺参数可制作模拟试样外，必须从现场相应的施工部位制取"。

上述两条作为强制性条文，是针对进场材料和施工过程质量检测试验试样制取做出的严格规定。同时也是对《建筑工程检测试验技术管理规范》JGJ 190-2010第3.0.4条"施工单位及其取样、送检人员必须确保提供的检测试样具有真实性和代表性"要求的具体体现。

只有在施工现场按照相关标准随机抽取的材料试样或在相应施工部位制取的施工过程质量检验试件，才是对应用于工程施工的材料和工程实体质量的真实反映，所以强调除确定工艺参数可制作模拟试件外，其他试样均应在现场内制取。

此规定可以进一步理解为：检测试验试样既不得在现场以外的任何其他地点制作，也不得由生产厂家或供应商直接向检测单位提供。

工程实体质量与使用功能的检测，除"混凝土结构实体检测用同条件养护试件"外，一般是委托检测机构到现场抽取试样或实地进行现场检测；施工现场试验人员应做好配合工作。

（3）试样标识

试样标识是检测管理工作中的重要环节，也是试样身份的证明。施工现场对委托检测的材料试样或施工过程质量检验试件，应根据试样（件）的形状、包装和特性做出必要的唯一性标识。

试样（件）应有唯一性标识，并应符合下列规定：

1）试样应按照取样时间顺序连续编号（试件编号），不得空号、重号。

2）试样标识的内容应根据试样的特性确定，应包括：名称、规格（或强度等级）、制取日期等信息。

3）试样标识应字迹清晰、附着牢固。

试样标识具有唯一性且应连续编号，是为了保证检测试验工作有序进行，也可在一定程度上防止出现虚假试样或"备用"试样，避免出现补做或替换试样等违规现象。

（4）登记台账

施工现场应建立试验台账，并应及时、实事求是地登记台账。登记台账的一般程序为：

1）现场试验人员制取试样并做出标识后，应按试样编号顺序登记试样台账。

2）到检测机构委托试验后，应在试样台账上登记该项试验的委托编号。

3）从检测机构领取检测试验报告后，应在试样台账上登记该试验的报告编号。

4）检测试验结果为不合格或不符合要求时，应在试样台账中注明处置情况。

（5）委托送检

委托送检的一般程序为：

1）现场试验人员应根据施工需要及有关标准的规定，将标识后的试样及时送至检测单位委托检测试验。

2）在委托检测试验时，应按检测单位委托单填写的要求，字迹清晰地正确填写试验委托单，并注明所检验试样所要求的标准依据。

3）委托检验时，应和检测单位的相关人员一起，共同核对、确认所委托试样的数量、规格和外观。

4）如有特殊要求，应向检测单位的相关人员声明，并在试验委托单中注明。

（6）试验报告管理

检测试验报告管理，即报告的出具、领取交接、备查及存档全过程的管理。检测试验报告应真实反映工程质量，当出现检测试验结果不合格时，其意义更为重要，它不仅可以让我们及时了解材料的缺陷或实体结构存在的质量隐患，也是处置方案的依据，所以应对试验报告管理有充分的认识。

1）检测试验报告的数据或结论由检测单位给出，检测单位对其真实性和准确性承担法律责任。

2）现场试验人员应及时获取检测试验报告，并在检测机构的试验报告领取簿上签字确认，详细核查报告内容。当检测试验结果为不合格、不符合要求或无明确结论时，应及时报告施工项目技术负责人、监理单位及相关资料管理人员。

3）检测试验报告的编号和检测试验结果应在试样台账上登记。

4）现场试验人员应将登记后的检测试验报告移交给相关技术人员。

5）《建筑工程检测试验技术管理规范》JGJ 190—2010 中第 5.7.4 条以强制性条文规定："对检测试验结果不合格的报告严禁抽撤、替换或修改"。

但部分施工人员出于种种原因，特别担心工程质量不合格会受到处罚或影响工程验收等，采取了抽撤、替换或修改不合格检测试验报告的违规做法，掩盖了工程质量的真实情况，后果极其严重，应坚决制止。

6）检测试验报告中的送检信息需要修改时，应由现场试验人员提出申请，写明原因，并经施工项目技术负责人批准。涉及见证检测报告送检信息修改时，尚应经见证人员同意并签字。

检测试验报告中的"送检信息"由现场试验人员提供。当检测试验报告中的送检信息填写不全或出现错误时，允许对其进行修改，但应按照规定的程序经过审批后实施。

【能力测试】

1.填空题

（1）试样标识是检测管理工作中的重要环节，也是试样身份的证明。施工现场试样

（件）做出必要的_____标识。

（2）施工单位及其取样、送检人员必须确保提供的检测试样具有_____和代表性。

（3）进场材料的检测试样，必须从_____，严禁在现场外制取。

（4）_____应根据施工检测试验计划和施工单位共同制定相应的见证取样和送检计划。

2.问答题

（1）建设工程施工现场检测试验工作程序是什么？

（2）施工检测试验计划应按检测试验项目分别编制，应包括哪些内容？

项目2　见证取样及送检

【项目概述】

1.项目描述

建设工程施工中所谓的见证取样和送检，是指在建设单位或监理单位人员的见证下，由施工单位的试验人员按照国家有关技术标准、规范的规定，在施工现场对工程中涉及结构安全的试块、试件和材料进行取样，并送至具备相应检测资质的检测机构进行检测的活动。

2.检验依据

（1）《建筑工程检测试验技术管理规范》JGJ 190-2010

（2）《建设工程质量检测管理办法》（2015年5月4日修正版）

（3）《北京市建设工程见证取样和送检管理规定（试行）》

【学习支持】

1.见证取样及送检的目的

见证取样和送检，其目的就是通过"见证"来保证取样和送检"过程"的真实性，规范建设工程见证取样和送检工作，保证建设工程质量。住房和城乡建设部颁布的行业标准《建筑工程检测试验技术管理规范》JGJ 190-2010中第3.0.6条以强制性条文明确规定："见证人员必须对见证取样和送检的过程进行见证，且必须确保见证取样和送检过程的真实性"。此条文明确规定监理单位及其见证人员应对"过程"的真实性承担法律责任，是对行政法规做出的进一步阐释，使其责任明确并具有可操作性。

对过程真实性的"见证"要素包括：取样地点和部位、取样时间、取样方法、试样数量（抽样率）、试样标识、存放及送检等。

2.见证取样及送检项目及比例

《建设工程质量检测管理办法》（2015年5月4日修正版）中对见证取样及送检作

出规定，以下检测项目应实行见证取样检测：

（1）水泥物理力学性能检验；

（2）钢筋（含焊接与机械连接）力学性能检验；

（3）砂、石常规检验；

（4）混凝土、砂浆强度检验；

（5）简易土工试验；

（6）混凝土掺加剂检验。

各地方政府主管部门根据当地建设工程的具体情况，及近年新编或修订国家、行业标准（规程）增加了一些见证取样检测项目，同时对见证取样检测的比例做出了规定。如北京市建设主管部门颁布实施的《北京市建设工程见证取样和送检管理规定（试行）》是这样规定的：

对下列涉及结构安全的试块、试件和材料应100％实行见证取样和送检：

（1）用于承重结构的混凝土试块；

（2）用于承重墙体的砌筑砂浆试块；

（3）用于承重结构的钢筋及连接接头试件；

（4）用于承重墙的砖和混凝土小型砌块；

（5）用于拌制混凝土和砌筑砂浆的水泥；

（6）用于承重结构的混凝土中使用的掺合料和外加剂；

（7）防水材料；

（8）建筑外窗；

（9）建筑节能工程用保温材料、绝热材料、粘结材料、增强网、幕墙玻璃、隔热型材、散热器、风机盘管机组、低压配电系统选择的电缆、电线等；

（10）国家及地方标准、规范规定的其他见证检验项目。

3. 见证取样及送检程序

施工现场的见证取样及送检的程序一般按下列步骤进行：

（1）制订见证取样和送检计划、确定见证试验检测机构；

单位工程施工前，施工现场技术负责人应按照有关标准和规定，与建设（监理）单位共同制订"见证取样和送检计划"，并一起考察确定承担见证试验的检测机构；

（2）施工项目部负责确定现场（试验）取样人员；建设（监理）单位负责确定现场见证人员；并以"告知书"（见附件1）的形式告知负责监督该工程的监督机构和检测机构；

（3）施工现场应依据"见证取样和送检计划"，在涉及见证取样时，通知见证人并在见证人员的见证下，按照相关标准进行施工材料或施工过程试验项目的取样和制样；

（4）见证人在试样（件）或其包装上作出标识或封志；

（5）见证人员根据取样的具体情况填写"见证记录"（见附件2）；

（6）现场试验人员登记取（制）样台账并填写试验委托单后，持见证试样（作出标识或封志后）和"见证记录"，与见证人一起去承担见证试验的检测机构办理委托试验。

4. 见证取样及送检管理

为保证见证取样及送检工作的规范性，建设（监理）单位和施工单位应具体做好以下管理工作：

（1）施工单位应按照规定制订检测试验计划，配备试验人员，负责施工现场的取样工作，做好材料取样记录、试块和试件的制作、养护记录等。

（2）监理单位应按规定配备足够的见证人员，负责见证取样和送检的现场见证工作，不需要强制监理的建设工程由建设单位按照要求配备见证人员。

（3）见证人员应由具备建设工程施工试验知识的专业技术人员担任。

（4）见证人员确定后，应在见证取样和送检前告知该工程的质量监督机构和承担相应见证试验的检测机构。

见证人员更换时，应在见证取样和送检前将更换后的见证人员信息告知检测机构和监督机构。

（5）见证取样方法、抽样检验方法应严格按相关工程建设标准执行。

（6）在施工过程中，见证人员应按照见证取样和送检计划，对施工现场的见证取样和送检进行见证。试验人员应在试样或其包装上作出标识、封志。

标识和封志应至少标明试件编号、取样日期等信息，并由见证人员和试验人员签字。见证人员填写见证记录，由施工单位将见证记录归入施工技术档案。

试验人员和见证人员应共同做好样品的成型、保养、存放、封样、送检等全过程工作。

（7）施工单位应对见证取样和送检试样的代表性和真实性负责，监理单位负监理责任。因玩忽职守或弄虚作假，使样品失去代表性和真实性造成质量事故的，应依法承担相应的责任。

（8）检测机构应对样品和见证记录进行确认，对不符合下列要求的样品应当拒收：

1）见证记录无见证人员签字，或签字的见证人员未告知检测机构；

2）检测试样的数量、规格等不符合检测标准要求；

3）封样标识和封志信息不全；

4）封样标识和封志上无试验人员和见证人员签字。

（9）检测机构应设专人负责试样留置工作。

（10）检测机构对出现的不合格检测结果应在当日告知监理单位（建设单位）和工程质量监督机构，并应单独建立检测结果不合格台账。

（11）见证取样和送检的检测报告，应加盖检测机构"有见证试验"专用章，由施工单位汇总后纳入工程施工技术档案。

（12）质量监督机构应加强对工程参建各方见证取样和送检行为的监督管理，对发现的违法违规行为依法进行处罚并按照动态监督管理规定予以处理。

（13）试验人员和见证人员对见证取样和送检试样的代表性和真实性负责。因玩忽职守或弄虚作假使样品失去代表性和真实性造成质量事故的，应依法承担相应的责任。

附件 1

见证取样和送检见证人告知书

_____质量监督站:
_____检测机构:

我单位决定,由_____同志担任_____工程见证取样和送检见证人。有关的印章和签字如下,请查收备案。

见证取样和送检印章	见证人签字

建设单位项目部名称(盖章):
项目负责人: 年   月   日
监理单位项目部名称(盖章):
项目负责人: 年   月   日
施工单位项目部名称(盖章):
项目负责人: 年   月   日

附件 2

见证记录

编号:_____

工程名称:_____
取样部位:_____
样品名称:_____ 取样数量:_____
取样地点:_____ 取样日期:_____
见证记录:

见证取样和送检印章:_____
试验人员签字:_____
见证人员签字:_____

年   月   日

【能力测试】

(1)对过程真实性的"见证"要素包括:_____、_____、取样方法、试样数量(抽样率)、_____、存放及送检。

(2)见证取样和送检的检测报告,应加盖检测机构_____专用章,由施工单位汇总后纳入工程施工技术档案。

(3)_____和_____对见证取样和送检试样的代表性和真实性负责。

(4)对涉及结构安全的试块、试件和材料应_____实行见证取样和送检。

项目3　建筑工程材料及检测相关法规

【项目概述】

1. 项目描述

现场试验工作是指依据国家、行业、地方等相关标准，对建设工程施工所使用的材料或施工过程中为控制质量而进行的试样（件）抽取，委托检测单位进行质量评价的活动；其中也包括现场试验人员直接进行的半成品性能、工序质量等检测试验活动。

多年来，行业主管部门在广泛调查研究、总结建筑工程施工现场的检测试验技术管理的实践经验的基础上，逐步把管理的重点指向了建筑工程施工现场的检测试验技术工作。住房和城乡建设部于 2010 年 7 月 1 日颁布实施的国家行业标准《建筑工程检测试验技术管理规范》JGJ 190–2010，是新中国成立以来，首次以"规范"的形式，对建筑工程施工现场的检测试验技术工作加以规范。这从一个侧面反映出了施工现场试验工作的重要性。

2. 检验依据

（1）《建设工程质量管理条例》

（2）《建设工程质量检测管理办法》（2015 年 5 月 4 日修正版）

（3）《建设工程检测试验管理规程》DB11/T 386–2017

（4）《北京市建设工程质量检测管理规定》京建发 [2010]344 号

（5）《房屋建筑和市政基础设施工程质量检测技术管理规范》GB 50618–2011

【学习支持】

1.《建设工程质量管理条例》

《建设工程质量管理条例》于 2000 年 1 月 10 日国务院第 25 次常务会议通过，现予发布，自发布之日起施行。

（1）施工单位必须按照工程设计要求、施工技术标准和合同约定，对建筑材料、建筑构配件、设备和商品混凝土进行检验，检验应当有书面记录和专人签字；未经检验或者检验不合格的，不得使用。

（2）违反本条例规定，施工单位在施工中偷工减料的，使用不合格的建筑材料、建筑构配件和设备的，或者有不按照工程设计图纸或者施工技术标准施工的其他行为的，责令改正，处工程合同价款 2%以上 4%以下的罚款；造成建设工程质量不符合规定的质量标准的，负责返工、修理，并赔偿因此造成的损失；情节严重的，责令停业整顿，降低资质等级或者吊销资质证书。

（3）违反本条例规定，施工单位未对建筑材料、建筑构配件、设备和商品混凝土进行检验，或者未对涉及结构安全的试块、试件以及有关材料取样检测的，责令改正，处 10 万元以上 20 万元以下的罚款；情节严重的，责令停业整顿，降低资质等级或者吊销资质证书；造成损失的，依法承担赔偿责任。

2.《建设工程质量检测管理办法》（2015 年 5 月 4 日修正版）

为了加强对建设工程质量检测的管理，根据《中华人民共和国建筑法》、《建设工程质量管理条例》，制定本办法。申请从事对涉及建筑物、构筑物结构安全的试块、试件以及有关材料检测的工程质量检测机构，实施对建设工程质量检测活动的监督管理，应当遵守本办法。

（1）检测机构应当对其检测数据和检测报告的真实性和准确性负责。检测机构违反法律、法规和工程建设强制性标准，给他人造成损失的，应当依法承担相应的赔偿责任。

（2）检测机构伪造检测数据，出具虚假检测报告或者鉴定结论的，县级以上地方人民政府建设主管部门给予警告，并处 3 万元罚款；给他人造成损失的，依法承担赔偿责任；构成犯罪的，依法追究其刑事责任。

（3）违反本办法规定，委托方有下列行为之一的，由县级以上地方人民政府建设主管部门责令改正，处 1 万元以上 3 万元以下的罚款：

1）委托未取得相应资质的检测机构进行检测的；

2）明示或暗示检测机构出具虚假检测报告，篡改或伪造检测报告的；

3）弄虚作假送检试样的。

（4）依照本办法规定，给予检测机构罚款处罚的，对检测机构的法定代表人和其他直接责任人员处罚款数额 5% 以上 10% 以下的罚款。

（5）本办法规定的质量检测业务，由工程项目建设单位委托具有相应资质的检测机构进行检测。委托方与被委托方应当签订书面合同。检测结果利害关系人对检测结果发生争议的，由双方共同认可的检测机构复检，复检结果由提出复检方报当地建设主管部门备案。

（6）任何单位和个人不得明示或者暗示检测机构出具虚假检测报告，不得篡改或者伪造检测报告。

附件　检测机构资质标准

专项检测机构和见证取样检测机构应满足下列基本条件：

（1）所申请检测资质对应的项目应通过计量认证。

（2）有质量检测、施工、监理或设计经历，并接受了相关检测技术培训的专业技术人员不少于 10 人；边远的县（区）的专业技术人员可不少于 6 人。

（3）有符合开展检测工作所需的仪器、设备和工作场所；其中，使用属于强制检定的计量器具，要经过计量检定合格后，方可使用。

（4）有健全的技术管理和质量保证体系。

见证取样检测机构除应满足基本条件外，专业技术人员中从事检测工作 3 年以上并具有高级或者中级职称的不得少于 3 名；边远的县（区）可不少于 2 人。

3.《北京市建设工程质量检测管理规定》

（1）检测机构违反有关规定，有下列行为之一的，由市住房城乡建设委责令改正，整改期 1 ～ 3 个月，整改期内检测机构不得承担相关项目的检测工作：

1）使用不符合要求的仪器设备进行检测的；

2）检测环境条件不满足相关标准要求的；

3）未按规定上传检测数据的；

4）未按有关技术标准及规定进行检测的；

5）未按有关规定对样品和见证记录进行确认的；

6）未按有关技术标准及规定留置试样的；

7）检测能力验证或抽检复核结果离群的。

（2）检测人员有下列行为之一的，由市住房城乡建设委、区县建设行政主管部门责令改正；由市住房城乡建设委记入个人诚信记录，要求检测机构将相关责任人调离岗位，5年内不得从事工程质量检测工作：

1）伪造检测数据的；

2）未按有关技术标准及规定实施检测的。

（3）资质管理规定：

1）从事工程质量专项检测及见证取样检测业务的检测机构应取得相应的检测资质，并在资质范围内开展检测工作。

2）检测机构设立分支机构的，分支机构的人员、设备、工作场所、技术管理等应当符合《建设工程质量检测管理办法》及本规定的要求，并报市住房城乡建设委备案。

3）检测机构：管理制度及质量控制措施应当符合《建设工程检测试验管理规程》DB11/T386的要求。第七条 检测机构的检测人员应经过相关检测技术培训并考核合格，不得同时受聘于两个或两个以上单位。检测机构的专业技术人员应具有助理工程师以上职称。技术负责人应具有相关专业高级工程师以上职称，并从事工程质量检测工作3年以上。第八条 检测机构应建立建设工程质量检测管理信息系统（以下简称检测管理系统）并具备将检测数据上传到北京市建设工程质量检测监管信息网的条件，涉及力值的检测设备应实现数据自动采集。 第九条 检测机构的工作场所及仪器设备的配置应与所申请检测资质范围相对应，仪器设备应符合相关标准、规定要求，并符合本规定附录的有关要求。

4）市住房城乡建设委应在规定时间内对检测机构申请材料进行审查，必要时可到检测机构现场进行核查。

（4）检测机构、人员质量行为管理

1）检测机构应遵守国家和本市有关质量检测管理规定，严格执行各项管理制度及质量控制措施，保证检测工作质量。

2）检测机构应与委托方签订书面合同，合同应明确双方权利义务、检测费用、支付方式等内容。

3）检测机构的负责人、技术负责人、质量负责人应对检测机构各项管理制度及质量控制措施的执行情况负责。

4）检测机构的检测人员应按国家、行业和地方现行有关技术标准、规范开展检测工作，做到方法正确、操作规范、记录真实、结论准确。

5）检测机构的检测人员在进行检测工作时，应当登录检测管理系统。

6）见证取样检测机构对涉及结构安全的钢筋、混凝土试件等材料的自动采集检测数据应实时上传。

7）检测机构应对样品和见证记录进行确认，并按规定留置试样。检测机构应向监理单位提供查询检测数据的方式。

8）检测机构出具检测报告时，对于检测管理系统包括的检测项目，应通过该系统出具检测报告。

9）检测机构所出具的检测报告应加盖检测机构公章或者检测专用章，并加盖市住房城乡建设委统一样式的北京市建设工程质量检测标识。

10）检测机构及其分支机构应在其资质证书规定的工作场所开展检测工作。

11）检测机构不得与行政机关，法律、法规授权的具有管理公共事务职能的组织有隶属关系或其他利害关系。检测机构不得承担与其有隶属关系或其他利害关系的设计单位、施工单位、监理单位等委托的质量检测业务。检测机构违反上款规定出具的检测报告不得作为该工程的技术资料。

12）检测机构应当将检测过程中发现的建设单位、监理单位、施工单位违反有关法律、法规、工程建设强制性标准的情况和下列行为，以及涉及结构安全检测结果的不合格情况，在 3 个工作日内报告工程项目的质量监督机构：

①未按规定和技术标准进行取样、制作和送检试样的；

②弄虚作假送检试样的；

③明示或暗示检测机构伪造检测数据的；

④明示或暗示检测机构出具虚假检测报告的；

⑤篡改或伪造检测报告的；

⑥未按要求实施旁站见证的。

4.《房屋建筑和市政基础设施工程质量检测技术管理规范》GB 50618－2011

（1）检测应按有关标准的规定留置已检试件。有关标准留置时间无明确要求的，留置时间不应少于 72h。

（2）检测机构严禁出具虚假检测报告。凡出现下列情况之一的应判定为虚假检测报告：

1）不按规定的检测程序及方法进行检测出具的检测报告；

2）检测报告中数据、结论等实质性内容被更改的检测报告；

3）未经检测就出具的检测报告；

4）超出技术能力和资质规定范围出具的检测报告。

（3）检测委托

1）建设工程质量检测应以工程项目施工进度或工程实际需要进行委托，并应选择具有相应检测资质的检测机构。

2）检测机构应与委托方签订检测书面合同，检测合同应注明检测项目及相关要求。需要见证的检测项目应确定见证人员。

3）检测项目需采用非标准方法检测时，检测机构应编制相应的检测作业指导书，并应在检测委托合同中说明。

4）检测机构对现场工程实体检测应事前编制检测方案，经技术负责人批准；对鉴定检测、危房检测，以及重大、重要检测项目和为有争议事项提供检测数据的检测方案应取得委托方的同意。

（4）取样送检

1）建筑材料的检测取样应由施工单位、见证单位和供应单位根据采购合同或有关技术标准的要求共同对样品的取样、制样过程、样品的留置、养护情况等进行确认，并应做好试件标识。

2）建筑材料本身带有标识的，抽取的试件应选择有标识的部分。检测试件应有清晰的、不易脱落的唯一性标识。标识应包括制作日期、工程部位、设计要求和组号等信息。

3）施工过程有关建筑材料、工程实体检测的抽样方法、检测程序及要求等应符合国家现行有关工程质量验收规范的规定。

4）既有房屋、市政基础设施现场工程实体检测的抽样方法、检测程序及要求等应符合国家现行有关标准的规定。

5）现场工程实体检测的构件、部位、检测点确定后，应绘制测点图，并应经技术负责人批准。

6）实行见证取样的检测项目，建设单位或监理单位确定的见证人员每个工程项目不得少于2人，并应按规定通知检测机构。

7）见证人员应对取样的过程进行旁站见证，作好见证记录。见证记录应包括下列主要内容：

①取样人员持证上岗情况；

②取样用的方法及工具模具情况；

③取样、试件制作操作的情况；

④取样各方对样品的确认情况及送检情况；

⑤施工单位养护室的建立和管理情况；

⑥检测试件标识情况。

8）检测收样人员应对检测委托单的填写内容、试件的状况以及封样、标识等情况进行检查，确认无误后，在检测委托单上签收。

9）试件接收应按年度建立台账，试件流转单应采取盲样形式，有条件的可使用条形码技术等。

10）检测机构自行取样的检测项目应作好取样记录。

11）检测机构对接收的检测试件应有符合条件的存放设施，确保样品的正确存放、养护。

12）需要现场养护的试件，施工单位应建立相应的管理制度，配备取样、制样人员及取样、制样设备及养护设施。

（5）检测准备

1）检测机构的收样及检测试件管理人员不得同时从事检测工作，并不得将试件的信息泄露给检测人员。

2）检测人员应校对试件编号和任务流转单的一致性，保证与委托单编号、原始记录和检测报告相关联。

3）检测人员在检测前应对检测设备进行核查，确认其运行正常。数据显示器需要归零的应在归零状态。

4）试件对贮存条件有要求时，检测人员应检查试件在贮存期间的环境条件符合要求。

5）对首次使用的检测设备或新开展的检测项目以及检测标准变更的情况，检测机构应对人员技能、检测设备、环境条件等进行确认。

6）检测前应确认检测人员的岗位资格，检测操作人员应熟识相应的检测操作规程和检测设备使用、维护技术手册等。

7）检测前应确认检测依据、相关标准条文和检测环境要求，并将环境条件调整到操作要求的状况。

8）现场工程实体检测应有完善的安全措施。检测危险房屋时还应对检测对象先进行勘察，必要时应先进行加固。

9）检测人员应熟悉检测异常情况处理预案。

10）检测前应确认检测方法标准，确认原则应符合下列规定：

①有多种检测方法标准可用时，应在合同中明确选用的检测方法标准；

②对于一些没有明确的检测方法标准或有地区特点的检测项目，其检测方法标准应由委托双方协商确定。

11）检测委托方应配合检测机构做好检测准备，并提供必要的条件。按时提供检测试件，提供合理的检测时间，现场工程实体检测还应提供相应的配合等。

（6）检测操作

1）检测应严格按照经确认的检测方法标准和现场工程实体检测方案进行。应由 2 名及以上持证检测人员进行检测操作。

2）检测原始记录应在检测操作过程中及时真实记录，检测原始记录应采用统一的格式。

3）检测原始记录笔误需要更正时，应由原记录人进行更改，并在更改处由原记录人签名或加盖印章。

4）自动采集的原始数据，当因检测设备故障导致原始数据异常时，应予以记录，并应由检测人员做出书面说明，由检测机构技术负责人批准，方可进行更改。

5）检测完成后应及时进行数据整理和出具检测报告，并应做好设备使用记录及环境检测设备的清洁保养工作。对已检试件的留置处理应符合下列规定：

①已检试件留置应与其他试件有明显的隔离和标识；

②已检试件留置应有唯一性标识，其封存和保管应由专人负责；

③已检试件留置应有完整的封存试件记录，并分类、分品种有序摆放，以便于查找。

（7）检测报告

1）检测项目的检测周期应对外公示，检测工作完成后，应及时出具检测报告。

2）检测报告宜采用统一的格式；检测管理信息系统管理的检测项目，应通过系统出具检测报告。

3）检测报告编号应按年度编号，编号应连续，不得重复和空号。

4）检测报告至少应由检测操作人签字、检测报告审核人签字、检测报告批准人签发，并加盖检测专用章，多页检测报告还应加盖骑缝章。

5）检测报告应登记后发放。登记应记录报告编号、份数、领取日期及领取人等。

6）检测报告结论应符合下列规定：

①材料的试验报告结论应按相关材料、质量标准给出明确的判定；

②当仅有材料试验方法而无质量标准，材料的试验报告结论应按设计要求或委托方要求给出明确的判定；

③现场工程实体的检测报告结论应根据设计及鉴定委托要求给出明确的判定。

7）检测机构应建立检测结果不合格项目台账，并应对涉及结构安全、重要使用功能的不合格项目按规定报送时间报告工程项目所在地建设主管部门。

（8）检测数据的积累利用

1）检测机构应对日常检测取得的数据进行积累整理。

2）检测机构应定期对检测数据统计分析。

3）检测机构应按规定向工程建设主管部门提供有关检测数据。

5.《建设工程检测试验管理规程》DB11/T 386‑2017

（1）基本规定

1）一般规定

①检测试验机构必须在技术能力和资质范围内开展检测试验工作。

②检测机构应对出具的检测报告的真实性、准确性和合法性负责。企业应对出具的试验报告的真实性、准确性、合法性负责。

③检测试验机构应采用检测试验管理信息系统进行管理。

④严禁检测试验机构出具虚假检测试验报告。凡出现下列情况之一的应判定为虚假检测试验报告：

a. 未经检测试验出具的检测试验报告。

b. 检测试验报告中的数据、结论等实质性内容篡改的检测试验报告。

⑤严禁检测试验机构不按规定的检测标准进行检测，出具失实的检测试验报告。

⑥建设工程施工单位、混凝土预制构件和预拌混凝土生产单位不得篡改检测试验数据，不得伪造检测试验报告，不得抽撤不合格的检测试验报告。

2）施工试验技术管理

①施工单位负责施工现场检测试验工作的组织、管理和实施。

②施工现场应配备满足检测试验需要的人员、设备、设施及相关标准。

③施工现场应建立健全试验管理制度，施工项目技术负责人应组织检查检测试验管理制度的执行情况。

④施工单位应在施工前制订检测试验计划，经项目技术负责人批准后，报监理单位

审批后方可实施。

⑤施工单位及其取样、送检人员应确保提供的检测试验试样具有真实性和代表性。

⑥施工单位设置的试验室（施工现场试验站）可对非见证试验项目进行试验，其试验工作宜包括以下内容：

a.各种原材料和施工过程中要求试验项目的取样及制样。

b.砂浆、混凝土试件的制作及养护。

c.回填土试验。

d.施工过程中用于混凝土结构或构件质量安全控制试件的抗压强度试验。

e.确定施工工艺参数的试验。

⑦对检测试验结果不合格的材料、设备和工程实体等质量问题，施工单位应依据相关标准的规定进行处理。

3）监理见证试验管理

①监理单位对施工现场质量检测试验工作的组织管理和实施负监理责任。

②监理单位应委派具有建筑施工试验知识的见证人员，对见证试样的取样、制样、标识、封样的过程进行见证，做好见证记录，并对见证试样的代表性、规范性、真实性负监理责任。

③监理单位应及时通过工程质量检测管理信息系统查询检测结果，对检测结果不合格事项的处理情况进行监督，并及时录入工程质量检测管理信息系统。

4）混凝土预制构件和预拌混凝土试验技术管理

①混凝土预制构件和预拌混凝土生产企业应设置试验室，其能力应满足内部质量控制和产品出厂检验的要求。

②企业试验室应配备满足试验需要的人员、仪器设备、设施及相关标准。

③混凝土预制构件和预拌混凝土生产企业及其取样、送检人员必须确保试样具有真实性和代表性。

④混凝土预制构件生产企业的试验工作宜包括以下内容：

a.水泥、砂、石、矿物掺合料、混凝土外加剂等原材料进场复试。

b.钢筋及钢筋连接试验。

c.配合比设计。

d.混凝土试件制作、养护及试验。

e.预制构件结构性能检验。

f.预制构件生产过程中涉及的其他非见证试验。

⑤预拌混凝土生产企业的试验工作宜包括以下内容：

a.水泥、砂、石、矿物掺合料、混凝土外加剂等原材料进场复试。

b.配合比设计。

c.混凝土试件制作、养护及试验。

⑥当试验结果不合格时，混凝土预制构件和预拌混凝土生产企业应依据相关标准及规定进行处理，并做好相关处理记录。

（2）检测试验管理

1）人员

①检测试验机构的人员配置应与所承接的检测试验工作范围和业务量相适应。

②检测试验人员应掌握与所从事的检测试验相关的技术标准，并经过培训合格后上岗，从业人员的资格、培训、考核、上岗和继续教育应符合有关规定。

③检测试验人员应按技术标准开展检测工作，做到方法正确、操作规范、记录真实、结论准确。

2）仪器设备

①检测试验机构应正确配备满足检测试验工作要求的仪器设备。

②仪器设备出现下列情况之一时，应进行校准或检定：

a. 首次使用前。

b. 维修、改造或移动后可能对检测试验结果有影响的。

c. 超过校准或检定有效期时。

d. 停用超过校准或检定有效期后再次投入使用前。

e. 出现其他可能对检测试验结果有影响的情况时。

③仪器设备出现下列情况之一时，应停止使用：

a. 当仪器设备在量程刻度范围内出现裂痕、磨损、破坏、刻度不清或其他影响测量精度时。

b. 当仪器设备出现显示缺损、不清或按键不灵敏等故障时。

c. 当仪器设备出现其他可能影响检测结果的情况时。

④检测试验工作所使用仪器设备的校准或检定周期应根据相关技术标准和检测机构实际情况确定，参见本规程附录 A。

⑤对于使用频次高或易产生漂移的仪器设备，在校准或检定周期内，宜对其进行期间核查，并做好记录。

⑥仪器设备应有唯一性标识，标识的内容应包括仪器设备编号、校准或检定日期、确认方式及有效期。

⑦检测试验机构应建立完整的仪器设备台账和档案。

⑧仪器设备应建立维护、保养和维修记录。

⑨用于现场检测的仪器设备，应建立领用和归还台账，记录仪器设备完好情况及其他相关信息。

3）设施环境

①检测试验机构应具备与所开展的检测试验项目相适应的工作场所及环境；各种仪器设备应布局合理，满足检测试验工作的需要。

②检测试验工作区应与办公区分开，工作区应有明显标识；与检测试验工作无关的人员和物品不得进入工作区。

③检测试验工作场所的温度、湿度等环境条件应满足所开展检测试验工作的需要，并有相应的记录。

④检测试验工作过程中产生的废弃物、废水、废气、噪声、震动和有毒有害物质等的处置，应符合环境保护和人身健康安全方面的有关规定。

⑤从事可能对人身健康安全造成危害的检测试验活动时，检测试验人员应配备有效的安全防护装备；当检测活动可能对周围人员、环境造成危害时，应设立明显的警示标识，并采取有效的防护措施。

⑥检测试验机构的工作区域，应合理、足量配备消防设施。

4）取样与送检

①施工单位、混凝土预制构件和预拌混凝土生产企业应依据相关工程技术标准编制检测试验计划，负责施工（生产）现场试样的取样工作。

②试样的取样、制作、标识、养护、封志、送检等工作，应按相关标准及规定执行，并建立试样委托台账。

③试样应有唯一性标识，标识应字迹清晰、附着牢固。混凝土试件的标识宜采用植入芯片、粘贴二维码等电子信息标记法。标识内容参见本规程附录 B 执行。

④试样编号应按取样时间顺序连续编号，不得空号、重号。

⑤施工现场应按标准要求配备混凝土和砂浆试件成型、养护设施，并满足环境条件要求。

5）检测委托

①检测机构应有专人负责受理委托，对检测委托书、见证记录和见证样品的标识封志进行确认。检测机构在接收样品时，应确认样品状态是否满足相关规范要求，并填写记录。

②有下列情况之一的，检测机构不得接受检测试验业务：

a. 委托书内容与委托样品或现场检测实体不符。

b. 样品不满足标准规定（另有约定除外）。

c. 见证检测不能提供相应的见证记录。

d. 单位工程同类试样编号相同。

③检测试验机构应对样品做出唯一性标识。该标识应在样品存放、状态调节、制备、试验和留样期间予以保留。

④在开展工程现场检测工作前，检测机构应了解工程概况，按照与委托方约定的检测合同内容收集有关工程技术资料；明确检测依据及检测数量；必要时，应编制检测方案且经委托方认可。检测方案宜包括下列内容：工程概况、检测内容、检测依据、抽样方案、检测周期、检测设备、检测条件及安全措施等。

6）检测试验

①检测试验人员在检测前应对检测设备进行检查，确认仪器设备正常后方可开展检测试验工作，并做好仪器设备使用记录。

②检测项目对温度、湿度等环境条件有要求时，检测试验过程应保持环境条件符合规范要求。

③检测试验工作应由两名或两名以上检测试验人员共同完成。实施数据自动采集且

具有视频监控的检测项目可由一名检测人员完成。

④检测试验人员应按照相应的检测标准和方法开展检测试验工作，及时、真实记录检测试验数据，并由专人进行校核。

⑤检测机构应按规定对检测数据进行自动采集，并实时上传至工程质量检测监管信息系统。当自动采集数据出现异常时，应立即停止检测工作，及时记录异常情况信息，必要时可留存影像资料，并对已采集的检测数据进行追溯。

⑥检测试验机构应按标准和规定留置检测后的样品，并加以标识。有关标准对留置时间无明确要求的，留置时间不应少于72h。对实行数据自动采集且具有视频监控的混凝土抗压强度检测后的样品，留置时间不应少于24h。

⑦检测机构应按相关规定要求完整留存检测过程的视频监控资料。保存期限不少于6个月。

7）原始记录

①原始记录应有固定格式。原始记录宜包括以下内容：

a. 原始记录名称；

b. 原始记录编号及页码；

c. 样品名称、规格型号及编号；

d. 检测试验依据；

e. 仪器设备编号；

f. 检测试验环境条件；

g. 现场检测位置示意图，必要时可附影像资料；

h. 检测试验数据；

i. 检测试验中异常情况的描述和记录；

j. 委托日期；

k. 检测试验日期；

l. 检测试验及校核人员的签名；

m. 其他必要的信息。

②原始记录应做到及时、准确、字迹清晰、信息完整，不得追记、涂改。

③原始记录笔误需要更正时，应由原始记录人进行划改，划改后原数据应清晰可辨，并在划改处加盖印章或签名。

④自动采集的原始数据应及时备份保存。如发现检测试验数据采集异常时，应记录异常原因，并按相关规定进行更改。

⑤原始记录应具有可追溯性。

⑥对自动记录的仪器设备，应将仪器设备自动记录的数据转换成专用记录格式打印输出并经检测人员校对确认，图像信息应标明获取的位置和时间。

⑦原始记录应按年度分类顺序编号，其编号应连续。

8）检测试验报告

①检测试验报告宜采用统一的格式。材料试验报告的格式参见本规程附录C。

②检测试验报告应结论准确、用词规范。检测试验报告宜包括以下内容：

a. 检测试验报告名称；

b. 检测试验报告编号；

c. 委托单位、工程名称及部位；

d. 工程概况，包括工程名称、基础／结构类型、建筑面积、设计楼层、施工日期、结构／构件的设计参数等；

e. 建设单位、设计单位、施工单位、监理单位名称；

f. 样品名称、样品编号、生产单位、代表批量、规格型号、等级、生产或进场日期、设计要求等；

g. 抽样方案、检测数量；

h. 检测原因、检测目的；

i. 见证检测应注明见证单位和见证人；

j. 委托日期、检测试验日期及报告日期；

k. 主要检测试验设备及编号；

l. 检测试验依据、检测试验内容、标准／设计值、检测试验数据、检测试验结论，必要时应有主要原始数据、计算参数、计算过程；检测数据（曲线）、表格和汇总结果；

m. 检测位置示意图；

n. 检测试验、审核、批准人员的签名；

o. 检测机构的名称和地址及联系方式；

p. 其他必要的信息。

③检测试验报告需修改时，应以检测试验报告修改单或重新发放检测试验报告的方式进行。检测试验机构应留存修改申请单、修改前检测试验报告、检测试验报告修改单或重新发放的检测试验报告。当检测试验报告中涉及委托内容更改时，委托方应提出书面申请，经项目负责人和监理人员（见证检测）签字，加盖项目专用章，由检测试验机构批准进行。

④检测试验报告应按年度分类顺序编号，其编号应连续。

⑤检测试验报告应为原件，不得使用复印件。存档的检测试验报告应与发出的检测试验报告一致。

9）技术资料档案管理

①检测试验机构应建立技术资料档案管理制度，包括收集、整理、归档和保管、利用、销毁和移交等内容，并指定专人负责管理。

②技术资料应及时分类归档。技术资料应包含委托书、原始记录、检测试验报告等。

③检测试验机构应将技术资料登记、编目、标识，以方便检索查阅。技术资料应字迹清楚，材料完整，图样清晰，装订整齐和签字盖章手续齐全。

④技术资料的保存应有固定的场所，采取有效的保管措施，防止损坏和丢失，具备防火、防潮、防蛀等条件。

⑤技术资料归档可以是书面资料或电子文档。电子档案的保存应有防止信息丢失或

被篡改的可靠措施。

⑥检测机构应建立检测结果不合格项目台账。

⑦涉及结构安全的试块、试件及结构建筑材料的检测资料汇总表和有关地基基础、主体结构、钢结构、市政基础设施主体结构的检测试验资料保管期限宜为20年；其他检测试验资料保管期限应不少于6年。

⑧保管期限已满的检测试验资料如需销毁应有销毁记录。

【能力测试】

1. 填空题

（1）检测机构应当对其检测数据和检测报告的_____和_____负责。

（2）检测试验机构应与委托方建立_____关系。

（3）混凝土试件类型后缀字符，同条件试件用_____表示。

2. 单项选择题

（1）检测试验委托书、原始记录、检测试验报告、仪器设备使用记录、环境温湿度记录保存期限不少于（　　）年。

   A.1   B.2   C.5   D.10

（2）检测应按有关标准的规定留置已检试件。有关标准留置时间无明确要求的，留置时间不应少于（　　）h。

   A.12   B.24   C.48   D.72

（3）实行见证取样的检测项目，建设单位或监理单位确定的见证人员每个工程项目不得少于（　　）人，并应按规定通知检测机构。

   A.1   B.2   C.3   D.4

（4）混凝土试件类型后缀字符，结构实体试件用（　　）表示。

   A.T   B.ST   C.DT   D.ZB

（5）混凝土试件类型后缀字符，同条件28d转标养28d试件用（　　）表示。

   A.T   B.ST   C.DT   D.ZB

3. 问答题

（1）整改期内检测机构不得承担相关项目的哪些检测工作？

（2）见证人员应对取样的过程进行旁站见证，见证记录应包括什么内容？

（3）材料检测试验委托书应包括什么内容？

模块 3
标准和计量知识

【模块概述】

通过学习标准和标准化的基本概念、标准的结构和内容，了解标准和标准化的产生、作用，掌握计量学的基本原理和方法，理解修约的现实意义，能够对一般性的计量结果进行修约。

【学习目标】

（1）了解标准的种类、级别、标准化的原理。

（2）了解数值修约的现实意义。

（3）理解计量单位、计量器具、计量方法、计量特性。

（4）理解数值修约规则。

（5）能够按照修约规则对一般的直接和间接测量数值进行修约。

（6）掌握标准体系的构成以及标准的代号与编号；学会利用标准和标准化管理工程项目，指导项目实施。

项目 1 标准与标准化概述

【项目概述】

1. 项目描述

标准与标准化概述的主要内容为标准的制定、实施和监督，介绍了标准化的基础理论，包括标准和标准化概念，标准种类与标准体系，标准化的法规体系和基本原理。旨在使学生对标准和标准化有一个较为全面的认识。

2. 检验依据

（1）《中华人民共和国标准化法》

（2）《中华人民共和国标准化法实施条例》

（3）《GB/T 19001—2008 标准理解·应用与实践》

（4）《数值修约规则与极限数值的表示和判定》GB/T 8170—2008

【学习支持】

1. 标准的概念

（1）标准的定义

标准是为在一定的范围内获得最佳秩序，以科学、技术和实践经验的综合成果为基础，对活动或其结果规定共同的和重复使用的规则、导则和特性文件。标准经协商一致制定并由主管机构批准，以特定形式发布，作为共同遵守的准则和依据。标准是以科学技术和经验的综合成果为基础，以促进最佳社会效益为目的。

（2）标准的特性

1）标准的本质特征是统一。

标准是"由标准主管机构批准以特定形式发布，作为共同遵守的准则和依据"的统一规定。各类标准都有自己统一的特定形式，有统一的编写顺序和方法，既可保证标准的编写质量，又便于标准的使用和管理，同时也体现出"标准"的严肃性和权威性。

2）标准是经过公认机构批准的文件。

标准文件有其特定格式和制定颁布的程序。标准从制定到批准发布的一整套工作程序和审批制度，是标准本身具有法规特性的表现。

3）标准是根据科学、技术和经验成果制定的文件。

标准产生的客观基础是"科学、技术和实践经验的综合成果"，既是科学技术成果，又是实践经验的总结，并且这些成果与经验都要经过分析、比较和选择，综合反映其客观规律性的"成果"，并加之规范化。

4）标准是在兼顾各有关方面利益的基础上，经过协商一致而制定的文件。

标准经与各有关方面协商一致确定，如产品标准不能仅由生产、制造部门来决定，制定出来的标准才能考虑各方面尤其是使用方的利益，才更具有权威性、科学性和使用性，实施起来也较容易。

5）制定标准的对象是重复性事物或概念。

标准制定的对象是重复性事物和概念，例如批量生产的产品在生产过程中的重复投入，重复加工，重复检验等；同一类技术管理活动中反复出现同一概念的术语、符号、代号等被反复利用等。只有当事物或概念具有重复出现的特性并处于相对稳定时才有制定标准的必要，使标准作为今后实践的依据，以最大限度地减少不必要的重复劳动，又能扩大标准重复利用范围。

6）标准是公众可以得到的文件。

2. 标准化的概念

（1）标准化定义

标准化是指在经济、技术、科学及管理等社会实践中，对重复性事物和概念通过制定、发布和实施标准，达到统一，以获得最佳秩序和社会效益的活动。标准化是一个活动过程，主要是指制定标准、宣传贯彻标准、对标准的实施进行监督管理、根据标准实施情况修订标准的过程。这个过程不是一次性的，而是一个不断循环、不断提高、不断发展的运动过程。每一个循环完成后，标准化的水平和效益就提高一步。标准是标准化活动的产物。

（2）标准化的特征

标准化是一项活动过程，是由三个关联的环节组成，即制定、发布和实施标准。《标准化法》第三条规定："标准化工作的任务是制定标准、组织实施标准和对标准的实施进行监督。"标准化活动过程在深度上是一个循环上升（PDCA）过程，即制定标准，实施标准，在实施中随着科学技术进步对原标准适时进行总结、修订，再实施。每循环一周，标准就上升到一个新的水平，充实新的内容，产生新的效果，达到"获得最佳秩序和社会效益"的最终目的。

（3）实施标准化的意义

标准化的意义在于改进产品、过程和服务的适用性，减少和消除贸易技术壁垒，并促进技术合作。标准化是生产社会化和管理现代化的重要技术基础；是提高质量、保护人体健康、保障人身、财产安全，维护消费者合法权益的重要手段。也是发展市场经济，促进贸易交流的技术纽带。

（4）标准与标准化的区别和联系

1）标准与标准化的区别

标准是一种特殊文件，是现代化科学技术成果和生产实践经验相结合的产物，来自生产实践反过来又为发展生产服务，标准随着科学技术和生产的发展不断完善提高。而标准化是一种活动，主要是指制定标准、宣传贯彻标准、对标准的实施进行监督管理、根据标准实施情况修订标准的过程。这个过程不是一次性的，而是一个不断循环、不断提高、不断发展的运动过程。每一个循环完成后，标准化的水平和效益就提高一步。

2）标准与标准化的区别和联系

标准是标准化活动的产物。标准化的目的和作用都是通过制定和贯彻具体的标准来体现的。所以标准化活动不能脱离制定、修订和贯彻标准，这是标准化最主要的内容。

3. 标准的分类

（1）标准按使用范围分类

1）国际标准

ISO 国际标准化组织（International Organization for Standardization），IEC 国际电工委员会（International Electro technical Commission）。

2）国家标准

GB——中国、ANSI——美国、DIN——德国、BS——英国、JIS——日本、SIS——瑞典、NF——法国、UNI——意大利、TOCIP——俄罗斯。

3）区域标准

APEC 亚太经合组织、CEN 欧洲标准化委员会、ASAC 亚洲标准咨询委员会等。

4）项目规范。

（2）标准的分级

根据《中华人民共和国标准化法》规定，我国标准分为：国家标准，行业标准，地方标准和企业标准四级。各层级标准之间是相互关联的（图3-1）。

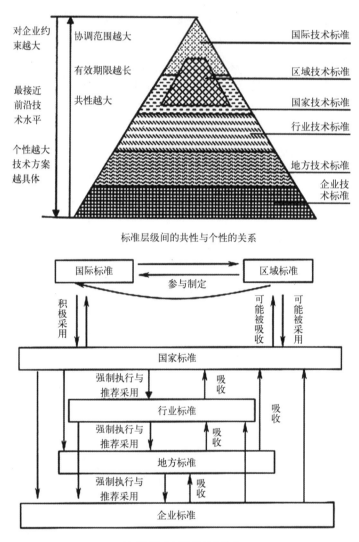

标准层级间的共性与个性的关系

技术标准各层级间互动关系

图3-1 各层级标准之间的关系示意图

1）国家标准

由国务院标准化行政主管部门国家质量技术监督总局与国家标准化管理委员会（属于国家质量技术监督检验检疫总局管理）制定（编制计划、组织起草、统一审批、编号、发布）。国家标准在全国范围内适用，其他各级别标准不得与国家标准相抵触。国家标准由国务院标准化行政主管部门负责组织制定和审批。国家标准的代号为"GB"，其含义是"国标"两个字汉语拼音的第一个字母"G"和"B"的组合。

2）行业标准

对没有国家标准又需要在全国某个行业范围内统一的技术要求，可以制定行业标准，作为对国家标准的补充，当相应的国家标准实施后，该行业标准应自行废止。行业标准由国务院有关行政主管部门负责制定和审批，并报国务院标准化行政主管部门备案。行业标准的归口部门及其所管理的行业标准范围，由国务院行政主管部门审定。

3）地方标准

地方标准是指在某个省、自治区、直辖市范围内需要统一的标准。地方标准由省级政府标准化行政主管部门负责制定和审批，并报国务院标准化行政主管部门和国务院有关行政主管部门备案。《中华人民共和国标准化法》规定："没有国家标准和行业标准而又需要在省、自治区、直辖市范围内统一的工业产品的安全卫生要求，可以制定地方标准。地方标准由省、自治区、直辖市标准化行政主管部门制定；并报国务院标准化行政主管部门和国务院有关行政部门备案。在公布国家标准或者行业标准之后，该项地方标准自行废止。"

4）企业标准

没有国家标准、行业标准和地方标准的产品，企业应当制定相应的企业标准，企业标准应报当地政府标准化行政主管部门和有关行政主管部门备案。企业标准在该企业内部适用。企业标准由企业制定，由企业法人代表或者法人代表授权的主管领导批准、发布。

（3）按法律的约束性分类

1）强制性标准

强制标准范围主要是保障人体健康，人身、财产安全的标准和法律、行政法规规定强制执行的标准。强制性标准不一定每个字都是强制的，有全文强制和条文强制。强制性标准中有推荐性内容，推荐性标准中有强制性内容。国家标准代号见表3-1。强制性标准是国家技术法规的重要组成，具有法律属性，其内容范围包括：

①有关国家安全的技术要求；

②保障人体健康和人身、财产安全的要求；

③产品及产品生产、储运和使用中的安全、卫生、环境保护、电磁兼容等技术要求；

④工程建设的质量、安全、卫生、环境保护要求及国家需要控制的工程建设的其他要求；

⑤污染物排放限值和环境质量要求；

⑥保护动植物生命安全和健康的要求；

⑦防止欺骗、保护消费者利益的要求；

⑧国家需要控制的重要产品的技术要求。

2）推荐性标准

推荐性标准是推荐使用的自愿实施的标准。推荐性标准当被法律法规引用后，可以转化为强制执行的标准。推荐性标准不受政府和社会团体的利益干预，能更科学地规定特性或指导生产。《中华人民共和国标准化法》鼓励企业积极采用，为防止企业利用标准欺诈消费者，要求采用低于推荐性标准的企业标准组织生产的企业向消费者明示其产品标准水平。推荐性国家标准的代号为"GB/T"，强制性国家标准的代号为"GB"，"T"即为推荐性。

推荐性标准不具有强制性，任何单位均有权决定是否采用，违反这类标准，不构成经济或法律方面的责任。但是，推荐性标准一经接受并采用，或各方商定同意纳入经济合同中，就成为各方必须共同遵守的技术依据，具有法律上的约束性。

国家标准代号 表 3-1

序号	代号	含义	管理部门
1	GB	中华人民共和国强制性国家标准	国家标准化管理委员会
2	GB/T	中华人民共和国推荐性国家标准	国家标准化管理委员会
3	GB/Z	中华人民共和国指导性技术文件	国家标准化管理委员会
4	GSB	中华人民共和国国家实物性标准	国家标准化管理委员会

（4）按管理需要划分类

根据对标准进行管理的需要，对标准种类的划分主要包括以下几种方式：

1）按行业归类

目前中国按行业归类的标准已正式批准了 67 大类，行业大类由国务院各有关行政主管部门提出其所管理的行业标准范围的申请报告，经国务院标准化行政主管部门（国家标准化管理委员会）审查确定，同时公布该行业的标准代号，参见表 3-2。

部分行业标准代号 表 3-2

汽车行业标准	QC	机械行业标准	JB
石油化工行业标准	SH	建材行业标准	JC
化工行业标准	HG	通信行业标准	YD
石油天然气行业标准	SY	电子行业标准	SJ
有色金属行业标准	YS	电力行业标准	DL
轻工行业标准	QB	核工业行业标准	EJ

2）按标准的性质分类

通常按标准的专业性质，将标准划分为技术标准、管理标准和工作标准。

①技术标准

技术标准是指对标准化领域中需要协调统一的技术事项所制定的标准。技术标准包括基础技术标准、产品标准、工艺标准、检测试验方法标准，及安全、卫生、环保标准等。《混凝土结构工程施工质量验收规范》的表示方法如下：

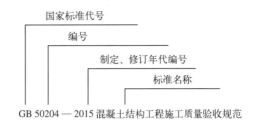

GB 50204 — 2015 混凝土结构工程施工质量验收规范

②管理标准

对标准化领域中需要协调统一的管理事项所制定的标准。主要是规定人们在生产活动和社会生活中的组织结构、职责权限、过程方法、程序文件以及资源分配等，是合理组织国民经济，正确处理各种生产关系，正确实现合理分配，提高生产效率和效益的依据。

③工作标准

工作标准是指对工作的责任、权利、范围、质量要求、程序、效果、检查方法、考核办法所制定的标准。工作标准是针对具体岗位而规定人员和组织在生产经营管理活动中的职责、权限，对各种过程的定性要求以及活动程序和考核评价要求。

④按标准的功能分类

基于社会对标准的需求，为了对常用的量大面广的标准进行管理，通常将重点管理的标准分为：基础标准、产品标准、方法标准、安全标准、卫生标准、环境保护标准、管理标准。

（5）按标准化的对象和作用分类

1）基础标准

在一定范围内作为其他标准的基础并普遍通用，具有广泛指导意义的标准。如：名词、术语、符号、代号、标志、方法等标准；计量单位制、公差与配合、形状与位置公差、表面粗糙度、螺纹及齿轮模数标准；优先数系、基本参数系列、系列型谱等标准；图形符号和工程制图；产品环境条件及可靠性要求等。

2）产品标准

为保证产品的适用性，对产品必须达到的某些或全部特性要求所制定的标准。如：品种、规格、技术要求、试验方法、检验规则、包装、标志、运输和贮存要求等。

3）方法标准

以试验、检查、分析、抽样、统计、计算、测定、作业等各种方法为对象而制定的标准。

4）安全标准

以保护人和物的安全为目的而制定的标准。

5）卫生标准

为保护人的健康，对食品、医药及其他方面的卫生要求而制定的标准。

6）环境保护标准

为保护环境和有利于生态平衡对大气、水体、土壤、噪声、振动、电磁波等环境质量、污染管理、监测方法及其他事项而制定的标准。

4. 标准化的基本原理

标准化的基本原理包括统一原理、简化原理、协调原理和最优化原理。

（1）统一原理

统一原理是为了保证事物发展所必需的秩序和效率，对事物的形成、功能或其他特性，确定适合于一定时期和一定条件的一致规范，并使这种一致规范与被取代的对象在功能上达到等效。统一原理包含以下要点：

1）统一是为了确定一组对象的一致规范，其目的是保证事物所必需的秩序和效率。

2）统一的原则是功能等效，从一组对象中选择确定一致规范，应能包含被取代对象所具备的必要功能。

3）统一是相对的、确定的一致规范，只适用于一定时期和一定条件，随着时间的推移和条件的改变，旧的统一被新的统一所代替。

（2）简化原理

简化原理是为了经济有效地满足需要，对标准化对象的结构、形式、规格或其他性能进行筛选提炼，剔除其中多余的、低效能的、可替换的环节，精炼并确定出满足全面需要所必要的高效能的环节，保持整体构成精简合理，使之功能效率最高。简化原理包含以下几个要点：

1）简化的目的是为了经济，使之更有效的满足需要。

2）简化的原则是从全面满足需要出发，保持整体构成精简合理，使之功能效率最高。所谓功能效率是指功能满足全面需要的能力。

3）简化的基本方法是对处于自然状态的对象进行科学的筛选提炼，剔除其中多余的、低效能的、可替换的环节，精练出高效能的能满足全面需要所必要的环节。

4）简化的实质不是简单化而是精练化，其结果不是以少替多，而是以少胜多。

（3）协调原理

协调原理是为了使标准的整体功能达到最佳，并产生实际效果，必须通过有效的方式协调好系统内外相关因素之间的关系，确定为建立和保持相互一致，适应或平衡关系所必须具备的条件。协调原理包含以下要点：

1）协调的目的在于使标准系统的整体功能达到最佳并产生实际效果。

2）协调对象是系统内相关因素的关系以及系统与外部相关因素的关系。

3）相关因素之间需要建立相互一致关系，相互适应和相互平衡关系，并为此必须确立条件。

4）协调的有效方式有：有关各方面的协商一致，多因素的综合效果最优化，多因素矛盾的综合平衡等。

（4）最优化原理

按照特定的目标，在一定的限制条件下，对标准系统的构成因素及其关系进行选择、设计或调整，使之达到最理想的效果。

【能力测试】

我国的标准是按照何种方式分类的?

项目 2　计量基础知识

【项目概述】

1. 项目描述

人们在日常生活中,计量渗透到生活的方方面面。随着现代技术在生活中的应用,我们对计量的准确性和可靠性的要求不断提高。计量原本是物理学的一个分支,现已逐渐发展形成计量学。本项目从计量的发展、特点切入,通过讲述计量单位、计量器具、计量方法等内容,使学生了解计量学的基本范畴和基本要求。

2. 检验依据

《通用计量术语及定义》JJF 1001-2011

【学习支持】

1. 计量概述

计量的本质就是测量,但它又不等于普通的测量,而是在特定的条件下,具有特定含义、特定目的和特殊形式的测量。从狭义上讲,计量属于测量的范畴,是一种为使被测量的单位量值在允许误差范围内溯源到基本单位的测量;从广义上讲,计量是指实现单位统一、量值准确可靠的测量,即包含为达到测量单位统一、量值准确可靠测量的全部活动。计量是一种内容特殊的测量,而且根据法制管理的要求,计量具有实现对全国测量业务进行国家监督的任务。凡是为实现单位统一,保障量值准确可靠的一切活动,均属于计量的范围。

（1）计量学的定义

根据《通用计量术语及定义》JJF 1001-2011,计量学是有关测量知识领域的一门学科。计量学研究的内容包括:

1）计量单位及其基准、标准的建立、复制、保存和使用;

2）量值传递、计量原理、计量方法、计量不确定度以及计量器具的计量特性;

3）计量人员进行计量的能力;

4）计量法制和管理;

5）有关计量的一切理论和实际问题。

（2）计量学的分类

1）按专业把计量学划分为几何量、温度、力学、电磁学、电子、时间频率、电离辐射、光学、声学、化学等 10 大类。

2）根据任务性质,计量学又可分为法制计量学、普通计量学、技术计量学、质量计量学、理论计量学等。

3）国际法制计量组织（OIML）根据应用领域将计量学分为工业计量学、商业计量学、天文计量学、医用计量学等。

2. 计量的发展及特点

（1）计量的定义

计量是实现单位统一和量值准确可靠的测量。计量属于测量，源于测量，而又严于一般测量，是测量的一种特定形式。计量的对象，在相当长的历史时期内，主要是各种物理量。随着科技的进步和经济、社会的发展，计量的对象已突破了传统物理量的范畴，不仅扩展到化学量、工程量，而且扩展到生物方面的生理、心理量，甚至一些微观领域的统计计数量，如质子数、中子数、血球个数等计数量也可通过一定的物理技术手段转换成物理量来计量。计量根据其对象主要可分为物理计量、化学计量、工程计量、生物计量等。

（2）计量的发展

计量的发展与社会进步联系在一起，随着社会分工和商品交换的产生应运而生，并随着科学技术和社会生产力的发展而发展。计量的发展大体可分为三个阶段。

1）古典阶段（农业文明时代，大约从公元前 8000 年至公元 1650 年）

计量起源于量的概念，量的概念在人类产生的过程中就开始形成。人类从利用工具到制造工具，包含着对事物大小、多少、长短、轻重、软硬等的思维过程，逐渐产生了形与量的概念。例如中国古代的布手为尺（周朝一尺长约 20cm）、掬手为升；古埃及的尺度是以人的胳膊到指尖的距离为依据，称之为"腕尺"（约 46cm）；英国国王以自己拇指关节的长度定为英寸（1in=25.4mm），以自己的脚长定为英尺（1ft=0.3038m）。农业文明时代，人们的主要资源是土地，为了安排农业耕作、围地狩猎、交换粮食，必须测量土地面积、农作物产量等。传说黄帝就设置了"衡、量、度、亩、数"五量。由于这一阶段的计量主要是为了适合农业社会中农产品和生活用品贸易的需要，因此，对计量准确度的要求不高，计量器具的准确度大约在百分之一到千分之一（$10^{-2} \sim 10^{-3}$）。

2）经典阶段（近代阶段）

进入十七、十八世纪，随着机器大工业的产生和发展，实验科学和大机器生产等的发展也为创建新的计量单位和计量标准提供了物质基础，由此带来了各类计量精度的提高。该阶段的计量准确度已达到万分之一到亿分之一（$10^{-4} \sim 10^{-8}$）。1875 年 5 月 20日《米制公约》的签订，标志着各国计量制度开始趋向统一，计量进入了一个以宏观现象定义计量单位、以人工实物作为复现计量单位的计量标准、以实验为科学基础进行模拟测量的经典阶段。为了纪念 1999 年国际米制公约组织召开的国际计量大会，将每年的 5 月 20 日作为"世界计量日"。

3）现代阶段

1955 年签订《国际法制计量组织公约》，1960 年第 11 届国际计量大会通过国际单位制，标志着各国计量制度基本统一和计量的基本成熟。现代计量的准确度已达到亿分之一到亿亿分之一（$10^{-8} \sim 10^{-16}$）。而现代计量最显著的标志就是由经典理论转向量子理论，由宏观物体转向微观世界。其最为突出的成就，就是以量子理论为基础的微观量子基准逐步取代过去的宏观实物基准。迄今为止，国际单位制中 7 个 SI 基本单位，已有 5 个实现了微观自然基准，即量子基准。量子基准的稳定性和统一性为现代计量的发展奠定了坚实的基础。

（3）计量的特点

计量不管处于那一阶段，均与社会经济的各个部门、人民生活的各个方面有着密切的关系。随着社会的进步，经济的发展，加上计量的广泛性、社会性，必然对单位统一、量值准确可靠提出愈来愈高的要求。因此，计量必须具备以下 4 个特点。

1）准确性

准确性是计量的基本特点。它表征的是测得值与被测量的真值的接近程度。准确性是计量技术工作的核心，它表征计量结果与被测量真值的接近程度。准确的量值才具有社会实用价值。

2）一致性

计量单位统一和量值统一，是计量一致性的两个方面。在统一计量单位的基础上，无论在何时何地采用何种方法，使用任何计量器具以及由何人测量，只要符合有关的要求，测量结果应在给定的区间内一致。

3）溯源性

"溯源性"使计量科技与人们的认识相一致，使计量的"准确"与"一致"得到基本保证。否则，量值出于多源，不仅无准确一致可言，而且势必造成技术和应用上的混乱。为使计量结果精确一致，所有的同种量值都必须由同一个计量基准传递而来（图3-2）。即都能通过连续的比较链溯源到计量基准。

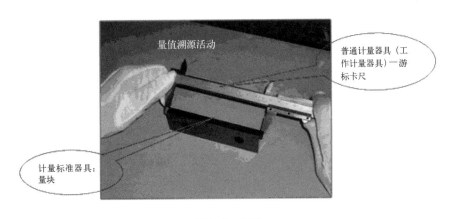

图 3-2　量块

4）法制性

计量本身的社会性就要求有一定的法制保障；量值的精确一致，既要有一定的技术手段，还要有相应的法律、法规和行政管理。计量单位制的统一，计量标准的建立，量值传递网的形成，检定的实施等各个环节，不仅要有技术手段，还要有严格的法制监督管理。

3. 计量单位

计量单位是指为定量表示同种量的大小而约定的定义和采用的特定量。为给定量值按给定规则确定的一组基本单位和导出单位，称为计量单位制。各种物理量都有它们的量度单位，并以选定的物质在规定条件显示的数量作为基本量度单位的标准。我国《计量法》规定："国家采用国际单位制。国际单位制计量单位和国家选定的其他计量单位，为国家法定计量单位。"

（1）法定计量单位的构成

单位制是为给定量制定规则确定的一组基本单位和导出单位。国际单位制是在米制的基础上发展起来的一种一贯单位制，其国际通用符号为"SI"。它由 SI 单位（包括 SI 基本单位、SI 导出单位），以及 SI 单位的倍数单位（包括 SI 单位的十进倍数单位和十进分数单位）组成，具有统一性、简明性、实用性、合理性和继承性等特点。SI 单位是我国法定计量单位的主体，所有 SI 单位都是我国的法定计量单位。此外，我国还选用了一些非 SI 的单位，作为国家法定计量单位，见表 3-3。

国家法定计量单位构成示意图　　　　　　　　　　　　　　　　表 3-3

			SI 基本单位
中华人民共和国法定计量单位	国际单位制 (SI) 的单位	SI 单位	
		SI 导出单位	包括 SI 辅助单位在内的具有专门的 SI 导出单位
			组合形式的 SI 导出单位
	SI 单位的倍数单位（包括 SI 单位的十进倍数单位和十进分数单位）		
	国家选定的作为法定计量单位的非 SI 单位		
	由以上单位构成的组合形式的单位		

（2）国际单位制的基本单位（SI）

SI 是国际单位制的国际通用符号。国际单位制基于下列 7 个基本单位，见表 3-4，分别是长度（米）、质量（千克）、电流（安培）、热力学温度（开尔文）、物质的量（摩尔）、发光强度（坎德拉），它们是构成 SI 的基础。

SI 的基本单位　　　　　　　　　　　　　　　　表 3-4

量的名称	单位名称	单位符号
长度	米	m
质量	千克（公斤）	kg
时间	秒	s
电流	安［培］	A
热力学温度	开［尔文］	K
物质的量	摩［尔］	mol
发光强度	坎［德拉］	cd

（3）国际单位制中具有专门名称的导出单位

SI 导出单位是由 SI 基本单位按定义式导出的，是用 SI 基本单位以代数形式表示的单位，见表 3-5。SI 导出单位的符号中的乘和除采用数学符号。主要分为三类：用 SI 基本单位表示的一部分 SI 导出单位；具有专门名称的 SI 导出单位；用 SI 辅助单位表示的一部分 SI 导出单位。

包括 SI 辅助单位在内的具有专门名称的 SI 导出单位   表 3-5

量的名称	SI导出单位		
	名称	符号	用SI基本单位和SI导出单位表示
[平面]角	弧度	rad	$1rad=1m/m=1$
立体角	球面度	sr	$1sr=1m^2/m^2=1$
频率	赫[兹]	Hz	$1Hz=1s^{-1}$
力	牛[顿]	N	$1N=1kg \cdot m/s^2$
压力，压强，应力	帕[斯卡]	Pa	$1Pa=1N/m^2$
能[量]，功，热量	焦[耳]	J	$1J=1N \cdot m$
功率，辐[射能]通量	瓦[特]	W	$1W=1J/s$
电荷[量]	库[仑]	C	$1C=1A \cdot s$
电压，电动势，电位，电势	伏[特]	V	$1V=1W/A$
电容	法[拉]	F	$1F=1C/V$
电阻	欧[姆]	Ω	$1\Omega=1V/A$
电导	西[门子]	S	$1S=1\Omega^{-1}$
磁通[量]	韦[伯]	Wb	$1Wb=1V \cdot s$
磁通[量]密度，磁感应强度	特[斯拉]	T	$1T=1Wb/m^2$
电感	亨[利]	H	$1H=1Wb/A$
摄氏温度	摄氏度	℃	$1℃=1K$
光通量	流[明]	lm	$1lm=1cd \cdot sr$
[光]照度	勒[克斯]	lx	$1lx=1lm/m^2$
[放射性]活度	贝可[勒尔]	Bq	$1Bq=1s^{-1}$
吸收剂量	戈[瑞]	Gy	$1Gy=1J/kg$
剂量当量	希[沃特]	Sv	$1Sv=1J/kg$

（4）国家选定的非国际单位制单位

由于实用上的广泛性和重要性，在我国法定计量单位中，为 11 个物理量选定了 16 个与 SI 单位并用的非 SI 单位，见表 3-6。

可与国际单位制单位并用的我国法定计量单位　　　　　表 3-6

量的单位	单位名称	单位符号	与SI单位的关系
时间	分	min	1min=60s
	[小] 时	h	1h=60min=3600s
	日，（天）	d	1d=24h=86400s
[平面] 角	度	°	$1° = (\pi/180)$ rad
	[角] 分	′	$1′ = (1/60)° = (\pi/10800)$ rad
	[角] 秒	″	$1″ = (1/60)′ = (\pi/648000)$ rad
体积	升	L，(l)	$1L=1dm^3=10^{-3}m^3$
质量	吨 原子质量单位	t u	$1t=10^3kg$ $1u \approx 1.6605402 \times 10^{-27}kg$
旋转频率	转每分	r/min	$1r/min= (1/60)$ s^{-1}
长度	海里	n mile	1n mile=1852m（只用于航程）
速度	节	kn	$1kn=1n$ mile/h= $(1852/3600)$ m/s（只用于航行）
能	电子伏	eV	$1eV \approx 1.60217733 \times 10^{-19}J$
场 [量] 级	分贝	dB	
线密度	特 [克斯]	tex	$1 tex=10^{-6}kg/m$
面积	公顷	hm^2	$1hm^2=10^4m^2$

（5）用于构成十进倍数和分数单位的词头

在 SI 中，用以表示倍数单位的词头，称为 SI 词头（表 3-7）。它们是构词成分，用于附加在 SI 单位之前构成倍数单位（十进倍数单位和分数单位），而不能单独使用。

SI 词头　　　　　表 3-7

因数	词头名称		词头符号
	英文	中文	
10^{24}	yotta	尧（它）	Y
10^{21}	zetta	泽（它）	Z
10^{18}	exa	艾 [可萨]	E
10^{15}	peta	拍 [它]	P
10^{12}	tera	太 [拉]	T
10^{9}	giga	吉 [咖]	G
10^{6}	mega	兆	M
10^{3}	kilo	千	k

续表

因数	词头名称		词头符号
	英文	中文	
10^2	hector	百	h
10^1	deca	十	da
10^{-1}	deci	分	d
10^{-2}	centi	厘	c
10^{-3}	milli	毫	m
10^{-6}	micro	微	μ
10^{-9}	nano	纳［诺］	n
10^{-12}	pico	皮［可］	p
10^{-15}	femto	飞［母托］	f
10^{-18}	atto	阿［托］	a
10^{-21}	zepto	仄［普托］	z
10^{-24}	yoct	幺［科托］	y

4. 计量器具

计量器具是指能用以直接或间接测出被测对象量值的装置、仪器仪表、量具和用于统一量值的标准物质。

（1）计量器具按计量学用途分类

1）计量基准器具

计量基准器具简称计量基准，是指用以复现和保存计量单位的量值。《计量法》第五条规定："国务院计量行政部门负责建立各种计量基准器具，作为统一全国最值的最高依据"。基准计量器具又可分为国家基准器具、副基准器具和工作基准器具。基准计量器具的主要特征：

①唯一性：对每个测量参数来说，全国只有一个。

②科学性：运用最新科学技术成就研究出来，所以目前精确度最高。

③国家性：计量基准的准确度必须经过国家鉴定合格并确定其准确度。

④稳定性：性能稳定，计量特性长期不变。

2）计量标准器具

计量标准器具简称计量标准，按国家规定和准确度等级，作为检定依据所用的计量器具。计量标准器具的准确度低于计量基准。计量标准器具的主要特征：

①计量标准具有较高计量特性。

②可按准确度等级和法律地位进行分类。

③对于日常检定工作按计量检定系统表逐级进行，每一级计量标准都应经过上级计

量行政部门考核后使用。

3）普通计量器具

普通计量器具是指一般日常工作中用的计量器具。普通计量器具的主要特征为：

①普通计量器具，用于日常的测量工作。

②数量巨大，占计量器具的绝大多数。

③计量器具属于计量标准还是属于工作计量器具，仅仅取决于使用目的。

④工作计量器具要定期进行检定或校准。

⑤贸易结算、安全防护、医疗卫生、环境监测的计量器具属于强制检定的计量器具。

⑥强制检定带有强制性的政府执法行为，不允许有任何变通或违反。

（2）计量器具按结构特点分类

1）量具

量具是实物量具的简称，用来复现或提供某个物理量的已知量值的计量器具（图3-3），即用固定形式复现量值的计量器具，如砝码、量块等。量具的特点为：

①本身直接复现了单位量值。

②在机构上没有测量机构，没有指示器。

③必须依赖其他计量仪器，不能直接测出被测量值。

游标卡尺、千分尺、百分表，习惯上称为通用量具，但按定义并不是量具，而是计量仪器。

2）计量仪器仪表

用来将被测量的量转换成可直接观测的指标值等效信息的计量器具，计量仪器（仪表）按其结构可分为指示式仪器、记录式仪器、各分式仪器、比较式仪器、调节式仪器、自动测量仪器等（图3-4）。计量仪器或仪表的主要特性是能将被测量值与已知量值进行比较，并将比较的结果变换为示值或等效信息输出，计量仪器的特点为：

①与量具不同，本身不复现或提供已知量值，而是通过转换得到的指示值或等效信息；

②在机构上，有测量机构、指示器或者有可活动的测量元部件，可以直接读出被测对象的量值或与已知量的差值。

图3-3　砝码　　　　　　　　　　　　图3-4　压力表

3）计量装置

计量装置也称测量系统或测量设备，是指确定被测量值所必需的计量器具和辅助器具的组合体，包括计量仪器、量具、测量夹具、测量变换器及辅助设备及电源（图3-5）。建立计量装置的目的是便于操作、提高工作效率和可靠性、固定或缩小干扰因素的影响和提高准确度等。

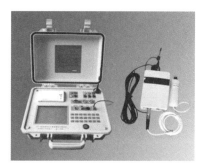

图3-5　无线采样器

（3）计量器具按结构和工作原理分类

1）机械式计量器具是指通过机械结构实现对被测量的感受、传递和放大的计量器具，如机械式比较仪、指示表和扭簧比较仪等。

2）光学式计量器具是指用光学方法实现对被测量的转换和放大的计量器具，如光学比较仪、投影仪、自准直仪和工具显微镜等。

3）气动式计量器具是指靠压缩空气通过气动系统时的状态（流量或压力）变化来实现对被测量的转换的计量器具，如水柱式和浮标式气动量仪等。

4）电动式计量器具是指将被测量通过传感器变为电量，再经变换而获得读数的计量器具，如电动轮廓仪和电感测微仪等。

5）光电式计量器具指利用光学方法放大或瞄准，通过光电元件再转换为电量进行检测，以实现几何量的测量的计量器具，如光电显微镜、光电测长仪等。

5. 测量方法

（1）按是否直接测量被测参数分可分为直接测量和间接测量

直接测量指由被测参数来获得被测尺寸，如游标卡尺、千分尺测量轴径；间接测量是指测量与被测参数有一定函数关系的其他参数，然后通过函数关系计算出被测量值；如测量大尺寸的圆柱直径 D 时，可通过测量周长 L，然后再按公式 $D=L/\pi$ 求得零件的直径 D。

直接测量的测量过程简单，其测量精度只与这一测量过程有关，而间接测量比较麻烦，其测量精度不仅取决于有关量的测量精度，还与计算精度有关。一般当被测尺寸不易直接测量或用直接测量达不到精度要求时，可采用间接测量。

（2）按计量器具的读数是否直接表示被测尺寸分可分为绝对测量和相对测量。

绝对测量指计量器具的读数值直接表示被测尺寸，如用游标卡尺，千分尺测量轴径；相对测量又称比较测量，计量器具的读数值只表示被测尺寸相对于标准量的偏差值。

6. 计量器具的主要计量特性

可以用计量特性表示测量设备的主要特征，也可以用计量特性表述顾客、组织和法律法规的计量要求，因此，可以将测量设备的计量特性与计量要求直接进行比较，以判断测量设备是否满足预期的计量要求。计量特性通常可用下列术语表示。

（1）示值：是指由计量器具所指定的（或提供的）被测量值。

（2）测量范围：是指使计量器具的误差处于允许限内的一组被测量的范围。例如标称范围的下限为100℃，上限为200℃，可表示为 100～200℃。若下限为零，只用上限来表示。例如 0～100V 的标称范围，可表示为"100V"。

（3）量程：标尺范围的上下限之差的绝对值（图 3-6）。例如标准范围为 –10 ～ +10V，其量程为 20V。

如：某温湿度计的温度测量范围是（–10 ～ 40）℃，其量程为 40–(–10)=50℃

如：某温湿度计的湿度测量范围是（10% ～ 90%），其量程为 90% － 10%=80%

图 3-6　量程

（4）准确度：是计量器具给出接近真值的响应能力。

（5）示值误差：是指计量器具示值与对应输入量的真值之差。

（6）灵敏度：即计量器具对被测量变化（激励）的反应能力，可以理解为计量器具对被测量变化的反应能力。

（7）分辨力：指显示装置对紧密相邻量值有效辨别的能力，它用显示装置能有效辨别的最小示值差来表示（图 3-7）。

图 3-7　分辨力显示

（8）漂移：是指计量仪器的计量特性随时间的慢变化。

（9）稳定度：测量仪器保持其计量特性恒定的能力。

（10）可靠性：是指计量仪器在规定条件下和规定的时间内完成规定功能的能力。

（11）重复性：是指在相同的测量条件下，重复测量同一个被测量，测量仪器提供相近示值的能力。

【能力测试】

简述国际单位制的基本单位构成。

项目3 数值的修约与进舍

【项目概述】

计量数据是计量检定校准工作的产品和评价产品与工作质量的重要依据。要取得准确可靠的数据，除了科学认真负责的测量外，根据被测量计量器具的允许误差极限对测量数据进行正确的数据处理计算也是非常重要的一个环节。本项目介绍了数值修约的基本概念和常用方法。

【学习支持】

1. 数值修约

（1）数值修约的概念和意义

对表示测量结果的数值（拟修约数），根据保留位数的要求，将多余的数字进行取舍，按照一定的规则，选取一个近似数（修约数）来代替原来的数，这一过程称为数值修约。

在直接测量的过程中，有时提供的测量数据高于实际测量精度，此时需要进行合理的数值修约；大多数时候测量结果是通过间接测量得到的，间接测量往往需要通过大量的计算，使得测量数据的数字组成较多。但是，在实际工作中所需的数字精度是确定的，因此将多余的数字进行修约就十分必要，通过对数字进行取舍，合理保留数字位数，从而反映所需的数据精度。反之，若不先进行数值修约就直接计算，繁琐且容易出错。如圆周率 π 值为 3.14159265……，通常在计算过程中取 3.14，精度即可满足要求。

（2）有效数字

有效数字是指在分析和测量中所能得到的有实际意义的数字，测量结果是由有效数字组成的（前后定位用的"0"除外）。若测量结果经修约后的数值，其最后一位数字欠准是允许的，这种由可靠数字和最后一位不准确数字组成的数值即为有效数字，最后一位数字的欠准程度通常只能相差 1 单位。

例如测量长度的结果 6.3048m，组成数字 6、3、0、4、8 都是实际测读到的数字，表示测量长度的大小，因而都存在有实际意义。有效数字的前几位都是准确数字，只有最后一位是估读数字，即数字 6、3、0、4 都是称量读到的准确数字，而最后一位数字 8 则是在没有刻度的情况下估读出来的，也就是欠准的数值。

（3）有效位数

数值中数字 1~9 都是有效数字；数字"0"在数值中所处的位置不同，所起的作用也不同，可能是有效数字，也可能不是有效数字。"0"在数字的最左边，仅起定位作用，不属于有效数字，如 0.032 中，3 前面的两个"0"不是有效数字；数值末尾的"0"属于有效数字，如 3200 或 3.200 中的"0"均为有效数字；数值中间所夹的数字"0"为有效数字，如 3.201 中的"0"为有效数字。

有效数字是处于表示测量结果的数值的不同数位上。所有有效数字所占有的数位个数称为有效数字位数。测量结果的数字，其有效位数反映了测量结果的精确度，它直接与测量的精密度有关，也是有效数字实际意义的体现。

[例 3-1] 数值 6.2，有两个有效数字，占个位、十分位两个数位，因而有效数字位数为两位；

6.210 有四个有效数字，占有个位、十分位、百分位等四个数位，因而有四位有效数字。

[例 3-2]

5.4788	53230	五位有效数字
8.800	31.75%	四位有效数字
0.0257	154×10^{-10}	三位有效数字
40	0.0070	二位有效数字
0.008	2×10^{-10}	一位有效数字

（4）修约间隔

修约间隔又称修约区间或化整间隔，是确定修约保留位数的一种方式，修约间隔是修约值的最小数值单位。修约间隔的数值一经确定，修约值即应为该数值的整数倍。

[例 3-3] 指定修约间隔为 0.2，修约值即应在 0.2 的整倍数中选取，将数值修约到小数点 1 位小数。

[例 3-4] 指定修约间隔为 0.1，修约值应在 0.1 的整数倍中选取，相当于将数值修约到 1 位小数。

[例 3-5] 指定修约间隔为 100，修约值应在 100 的整数倍中选取，相当于将数值修约到"百"数位。

（5）极限数值

极限数值是标准（或技术规范）中规定考核的以数量形式给出且符合该标准要求的指标数值范围的界限值。

2. 数值修约的规则

（1）修约规则

1）拟舍弃数字的最左一位数字小于 5 时则舍去，即保留的各位数字不变。

2）拟舍弃数字的最左一位数字大于或等于 5，而其后跟有并非全部为 0 的数字时则进一，即保留的末位数字加 1（指定"修约间隔"或"有效位数"明确时，以指定位数为准）。

3）拟舍弃数字的最左一位数字等于 5，而右面无数字或皆为 0 时，若所保留的末位数字为奇数则进一，为偶数（包含 0）则舍弃。

4）负数修约时，取绝对值按照上述 1）～3）规定进行修约，再加上负号。

5）现在被广泛使用的数字修约规则主要有四舍五入规则和四舍六入五留双规则。

（2）四舍五入规则

四舍五入规则是人们习惯采用的一种数字修约规则，是一种精确度的计数保留法，与其他方法本质相同。但特殊之处在于，采用四舍五入，能使被保留部分的与实际值差值不超过最后一位数量级的二分之一：假如 0 ~ 9 等概率出现的话，对大量的被保留数据，这种保留法的误差总和是最小的。四舍五入规则在需要保留有效数字的位次后一位，逢 5 进、逢 4 舍。

[例 3-6] 将数字 2.1875 精确保留到千分位（小数点后第三位），因小数点后第四位数字为 5，按照此规则应向前一位进一，所以结果为 2.188。同理，将下列数字全部修约为四位有效数字，结果为：

$$0.53664—0.5366$$
$$10.2750—10.28$$
$$18.06501—18.07$$
$$0.58346—0.5835$$
$$16.4050—16.41$$
$$27.1850——27.19$$

按照四舍五入规则进行数字修约时，应一次修约到指定的位数，不可以进行数次修约，否则将有可能得到错误的结果。

[例 3-7]15.4565—15（正确）。

15.4565—15.457—15.46—15.5—16（错误）。

（3）四舍六入五留双规则

四舍五入修约规则，逢五就进，必然会造成结果的系统偏高，误差偏大；为了避免这样的状况出现，为了避免四舍五入规则造成的结果偏高，误差偏大的现象出现，一般采用四舍六入五留双规则。

1）当尾数小于或等于 4 时，直接将尾数舍去。

[例 3-8] 将下列数字全部修约为四位有效数字，结果为：

$$0.53664—0.5366$$
$$10.2731—10.27$$
$$18.5049—18.50$$
$$0.58344—0.5834$$
$$16.4005—16.40$$
$$27.1829—27.18$$

2）当尾数大于或等于 6 时，将尾数舍去并向前一位进位。

[例 3-9] 将下列数字全部修约为四位有效数字，结果为：

$$0.53666—0.5367$$
$$8.3176—8.318$$
$$16.7777—16.78$$

$$0.58387—0.5839$$
$$10.29501—10.30$$
$$21.0191—21.02$$

当尾数为 5，而尾数后面的数字均为 0 时，应看尾数"5"的前一位；若前一位数字此时为奇数，就应向前进一位；若前一位数字此时为偶数，则应将尾数舍去。数字"0"在此时应被视为偶数。

[例 3-10] 将下列数字全部修约为四位有效数字，结果为：

$$0.153050—0.1530$$
$$12.6450—12.64$$
$$18.2750—18.28$$
$$0.153750—0.1538$$
$$12.7350—12.74$$
$$21.845000—21.84$$

3）当尾数为 5，而尾数"5"的后面还有任何不是 0 的数字时，无论前一位在此时为奇数还是偶数，也无论"5"后面不为 0 的数字在哪一位上，都应向前进一位。

[例 3-11] 将下列数字全部修约为四位有效数字，结果为：

$$0.326552—0.3266$$
$$12.73507—12.74$$
$$21.84502—21.85$$
$$12.64501—12.65$$
$$18.27509—18.28$$
$$38.305000001—38.31$$

四舍六入五留双规则进行数字修约时，也应一次性修约到指定的位数，不可以进行数次修约，否则得到的结果也有可能是错误的。

数值修约中应注意的问题：

①数值修约时，一定一次修约完成，不能分步修约。

②在读数和计算过程中有效数字的位数至少要比给出的结果多一位。

③在给出误差（或测量不确定度）时，一般仅给出 1～2 位有效数字。

【能力测试】

掌握游标卡尺读数方法和工作原理，并按对其读数进行百分位修约（以"cm"为单位）。

【模块概述】

水泥是砂浆、混凝土中的重要组成成分，水泥的各种特性及成分含量影响着砂浆和混凝土的强度及性能。长期以来，水泥作为一种重要的胶凝材料，广泛应用于土木建筑、水利、国防等工程。

【学习目标】

（1）了解水泥的分类组成，水泥的性质及适用范围。

（2）掌握硅酸盐水泥的生产及特性。

（3）重点掌握水泥凝结时间、安定性、强度、细度的质量检测方法及在实际工程中的应用。

项目　水泥的质量检测

【项目概述】

1. 项目描述

本项目主要为水泥质量检测，重点阐述水泥凝结时间、安定性、强度、细度的质量检测方法及在实际工程中的应用。

2. 检验依据

（1）《通用硅酸盐水泥》国家标准第 2 号修改单 GB 175－2007/XG2－2015

（2）《水泥标准稠度用水量、凝结时间、体积安定性检测方法》GB/T 1346－2011

（3）《水泥胶砂强度检验方法（ISO 法）》GB/T 17671－1999

（4）《水泥取样方法》GB 12573－2008

（5）《水泥细度检验方法筛析法》GB/T 1345－2005

（6）《水泥比表面积测定方法》GB/T 8074-2008

【学习支持】

1. 主要相关术语

（1）水泥：凡细磨成粉末状，加入适量水后，可成为塑性浆体，既能在空气中硬化，又能在水中硬化，并能把砂、石等材料牢固地胶结在一起的水硬性胶凝材料，统称为水泥（图 4-1）。

图 4-1　水泥粉末

（2）凝结时间：硅酸盐水泥初凝时间不得小于 45min，终凝时间不大于 390min。普通硅酸盐水泥、矿渣硅酸盐水泥、火山灰质硅酸盐水泥、粉煤灰硅酸盐水泥和复合硅酸盐水泥初凝时间不小于 45min，终凝时间不大于 600min。

（3）安定性：用沸煮法检验是否合格。

水泥体积安定性是指水泥在凝结硬化过程中体积变化的均匀性。如果水泥硬化后产生不均匀的体积变化，即为体积安定性不良，安定性不良会使水泥制品或混凝土构件产生膨胀性裂缝，降低建筑物质量，甚至引起严重事故。

（4）强度：水泥强度等级按规定龄期的抗压强度和抗折强度来划分，各强度等级水泥的各龄期强度不得低于规定数值。

（5）细度：细度为选择性指标。

细度是指水泥颗粒总体的粗细程度。水泥颗粒越细，与水发生反应的表面积越大，因而水化反应速度较快，而且较完全，早期强度也越高，但在空气中硬化收缩性较大，成本也较高。

2. 水泥常规

水泥属于水硬性胶凝材料。水泥品种繁多，按其主要水硬性物质，可分为硅酸盐水泥、铝酸盐水泥、硫铝酸盐水泥、铁铝酸盐水泥等系列，其中以硅酸盐系列水泥生产量最大，应用最为广泛。按其性能和用途不同，又可分为通用水泥、专用水泥和特性水泥三大类。

（1）通用水泥的分类及组成

各种水泥品种相对应的掺料及生产示意图如图 4-2 所示。

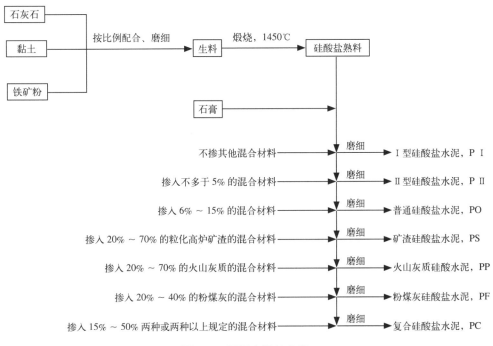

图 4-2　通用水泥的分类

（2）硅酸盐水泥

硅酸盐系列水泥是以硅酸钙为主要成分的水泥熟料、一定量的混合材料和适量石膏，共同磨细制成，又称波特兰水泥。

1）硅酸盐水泥的原料与生产

硅酸盐水泥生产的原材料、主要工艺流程如下：

简称"两磨一烧"。

2）硅酸盐水泥的组成材料

①硅酸盐水泥熟料矿物的组成、含量及特性如表 4-1 所示：

硅酸盐水泥熟料矿物的组成、含量及特性　　　　　　　　　　表 4-1

矿物名称		硅酸三钙	硅酸二钙	铝酸三钙	铁铝酸四钙
矿物组成（简写式）		$3CaO \cdot SiO_2$ (C_3S)	$2CaO \cdot SiO_2$ (C_2S)	$3CaO \cdot Al_2O_3$ (C_3A)	$4CaO \cdot Al_2O_3 \cdot Fe_2O_3$ (C_4AF)
矿物含量		37%～60%	15%～37%	7%～15%	10%～18%
矿物特性	水化硬化速度	快	慢	最快	较快
	强度　早期	高	低	低	中
	强度　后期	高	高	低	低
	水化热	多	少	最多	中
	耐腐蚀性	差	好	最差	中

改变水泥熟料组成的相对含量，水泥的技术性能会随之变化。例如：提高硅酸三钙的含量，可以制得快硬高强的优质水泥。

②石膏

在水泥生产过程中加入适量石膏起缓凝作用。掺量 3%～5%，过多将导致水泥石膨胀性破坏。

③混合材料

A. 定义：在水泥生产时，所掺入的天然或人工矿物材料，称为混合材料；

B. 作用：一是改善性质，二是增产，降水化热、降强度、降成本；

C. 分类：混合材料按其是否可发生化学反应可分为活性混合材和非活性混合材料。

3）硅酸盐水泥的水化、凝结与硬化

①水化

硅酸盐水泥遇水后，各熟料矿物与水发生化学反应，这一过程称为水化，其反应式如下：

$$3 (CaO \cdot SiO_2) + 6H_2O = 3CaO \cdot 2SiO_2 \cdot 3H_2O（胶体）+3Ca(OH)_2（晶体）$$

$$2 (2CaO \cdot SiO_2) + 4H_2O = 3CaO \cdot 2SiO_2 \cdot 3H_2O + Ca(OH)_2（晶体）$$

$$3CaO \cdot Al_2O_3 + 6H_2O = 3CaO \cdot Al_2O_3 \cdot 6H_2O（晶体）$$

$$4CaO \cdot Al_2O_3 \cdot Fe_2O_3 + 7H_2O = 3CaO \cdot Al_2O_3 \cdot 6H_2O + CaO \cdot Fe_2O_3 \cdot H_2O（胶体）$$

石膏与部分水化铝酸钙反应，生成难溶的水化硫铝酸钙的针状晶体（钙矾石），如图 4-3 所示。水化硫铝酸钙的存在，延缓了水泥的凝结时间。

综上所述，硅酸盐水泥水化反应后，生成的水化产物有胶体和晶体，其结构称为水泥凝胶体。水化产物为水化硅酸钙、水化铁酸钙的胶体和水化铝酸钙、水化铁酸钙、水化硫铝酸钙、氢氧化钙的晶体，主要水化产物为水化硅酸钙的胶体（图 4-4）。

图 4-3　钙矾石

图 4-4　氢氧化钙晶体，水化硅酸钙胶体

②凝结与硬化

凝结与硬化可以用塑性失去，强度产生，洛赫尔三阶段理论来解释：

A. 加水至初凝：水化产物小，数量少，呈可塑状态；

B. 初凝至 24h：水化加快，水化物大量形成，各颗粒交错连接成网，水泥凝结；

C. 24h 至水化结束：石膏耗尽，结构致密，强度提高。

水泥的水化和硬化过程是连续的。水化是凝结硬化的前提，而凝结硬化是水化的结果。凝结标志着水泥浆失去流动性而具有了塑性强度，硬化则表示水泥浆固化后的网状结构具有了机械强度 。

A. 分散在水中未水化的水泥颗粒（图 4-5）。

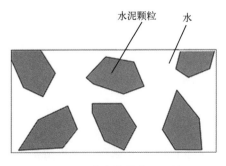

图 4-5　未水化的水泥颗粒

B. 在水泥颗粒表面形成水化物膜层（图 4-6）。

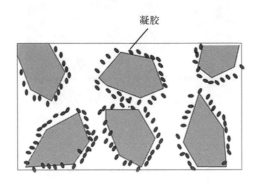

图 4-6　水泥颗粒表面形成水化物膜层

C. 膜层长大并互相连接（凝结）（图 4-7）。

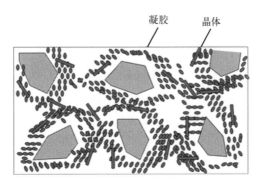

图 4-7　凝结

D. 水化物进一步发展，填充毛细孔（硬化）（图 4-8）。

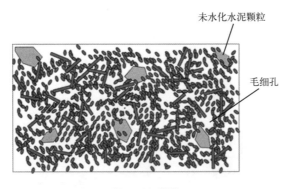

图 4-8　硬化

　　因此，水泥石是由未完全水化的水泥颗粒、水泥凝胶（晶体和胶体）、毛细孔等组成的不均质体（图 4-9）。

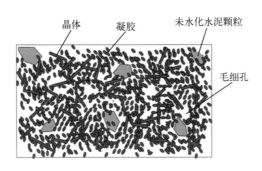

图 4-9　水泥石

（3）专用水泥

有专门用途的水泥，主要包括：砌筑水泥，道路水泥，大坝水泥等。

（4）特性水泥

主要包括：快硬硅酸盐水泥，快凝快硬硅酸盐水泥，抗硫酸盐硅酸盐水泥，白色硅酸盐水泥，铝酸盐水泥，膨胀水泥及自应力水泥等。

3. 通用水泥的包装、标志和储运

（1）包装：袋装（质量要求）和散装：袋装水泥每袋净含量 50kg，且不少于标志质量的 98%，随机抽取 20 袋，总质量不得少于 1000kg。其他包装形式由供需双方协商确定，但有关袋装质量要求必须符合上述原则。

（2）标志：袋装：名称、代号、净含量、等级、许可证编号、生产者、地址、出厂编号、执行标准号、生产日期和混料名称。掺火山灰质混合材料的普通水泥还应标上"掺火山灰"字样。包装袋两侧应印有水泥名称和强度等级。散装：相同的标志卡片。

（3）储运中注意：①防潮；②防混合，水泥不得与石灰、石膏、化肥等粉状物混存同一仓库内；③储存分类；④环境要求；⑤时间限制。

（4）受潮处理措施见表 4-2。

受潮处理措施　　　　　　　　　　　　　　　　　表 4-2

受潮程度	处理方法	使用场合
只有粉块，手捏可成粉	压碎粉块	按实际强度使用
部分结成硬块	筛除硬块，压碎粉块	按实际强度使用于非重要部位或用于砂浆
大部分结成硬块	粉碎磨细	不作为水泥，作为混料掺入砂浆

【任务实施】

1. 取样方法及检测环境

（1）取样方法

1）按照《水泥取样方法》GB 12573—2008 中规定：进场的水泥应按批进行复验。按统一生产厂家、同一等级、同一品种、同一批号且连续进场的水泥，袋装不超过 200t

为一批，散装不超过 500t 为一批，每批抽样不少于一次。

2）取样应具有代表性，可连续取样，亦可从 20 个以上不同部位取等量样品，总量为 12kg，将所取样品充分混合后通过 0.9mm 方孔筛，均分为试验样和封存样。封存样应加封条，密封保管三个月。

（2）检测环境

1）试验室的温度应保持在 20±2℃，相对湿度应不低于 50%，水泥试样、拌合水、仪器和用具的温度应与实验室温度一致；

2）湿气养护箱的温度保持在 20±1℃，相对湿度不低于 90%。

2. 检测方法

必检项目主要包括：水泥标准稠度用水量检测，水泥凝结时间检测，水泥安定性检测，水泥胶砂强度检测（ISO 法）。

（1）水泥标准稠度用水量检测

1）检测目的

水泥的凝结时间、安定性均受水泥浆稠稀的影响，为了使不同水泥具有可比性，水泥必须有一个标准稠度，通过此项试验测定水泥浆达到标准稠度时的用水量，作为凝结时间和安定性试验用水量的标准。

2）仪器设备

主要仪器设备为：水泥净浆搅拌机、标准维卡仪、代用法维卡仪（图 4-10、图 4-11）。

图 4-10　水泥净浆搅拌机

标准法维卡仪　　代用法维卡仪

图 4-11　标准维卡仪、代用法维卡仪

3）水泥标准稠度用水量的检测步骤

标准法：

①搅拌机具用湿布擦过后，将拌合用水倒入搅拌锅内，然后在 5 ~ 10min 内小心将称好的 500g 水泥加入水中。

②拌合时，低速搅拌 120s，停 15s，同时将搅拌机具粘有的水泥浆刮入锅内，接着高速搅拌 120s，停机。

③拌合结束后，立即将拌合的水泥浆装入已置于玻璃底板上的试模内，用小刀插捣，轻振数次，刮去多余的水泥浆。抹平后迅速将试模和底板移到维卡仪上，调整试杆与水泥浆表面接触，拧紧螺丝 1 ~ 2s 后，突然放松，使试杆垂直自由沉入水泥浆中，在试杆停止沉入或放松 30s 后记录试杆距底板之间的距离。

④试验结果处理：采用标准法时，以试杆沉入净浆并距底板 6±1mm 时水泥净浆为标准稠度净浆，其拌合水量为该水泥的标准稠度用水量 P。

代用法：

①标准稠度用水量可用调整水量和不变水量两种方法中的任一种测定，如有争议时以调整水量方法为准。采用调整水量法时拌合水量按经验确定，用不变水量法时拌合水量用 142.5ml，水量准确至 0.5ml。

②调整水量法：水泥净浆拌合结束后，立即将拌好的净浆装入锥模内，用小刀插捣，振动数次后，刮去多余净浆，抹平后迅速放到试锥下面固定位置上。将试锥降至净浆表面处，拧紧螺丝 1 ~ 2s 后，突然放松，使试锥垂直自由沉入净浆中，到试锥停止下沉或释放试锥 30s 时记录试锥下沉深度。整个操作应在搅拌后 1.5mm 内完成。不变水量法的拌合用水量为 142.5ml，其测定方法同调整水量法。

③结果处理：

A. 调整水量法：以试锥下沉深度 28±2mm 时的净浆为标准稠度净浆。其拌合水量为该水泥的标准稠度用水量 P，按水泥质量的百分比计。如下沉深度超出范围，须另称试样，调整水量，重新试验，直到达到 28±2mm 时为止。

B. 不变水量法：根据测得的试锥下沉深度 S（mm）按下式计算标准稠度用水量 P（%），也可从仪器上对应标尺读出。

$$P=33.4-0.185S \tag{4-1}$$

当试锥下沉深度小于 13mm 时，应改用调整水量方法测定。

（2）凝结时间的测定

1）检测目的

了解控制水泥凝结过程的重要性；了解水泥标准稠度净浆凝结时间测试的国家规范；测试水泥标准稠度净浆凝结时间。

2）仪器设备

凝结时间测定仪（将标准维卡仪的试杆换成试针即可）。

3）检测步骤

①测定前准备工作：调整凝结时间测定仪的试针接触玻璃板时，指针对准零点。

②试件的制备：以标准稠度用水量制成标准稠度净浆一次装满试模，振动数次刮平，立即放入湿气养护箱中。记录水泥全部加入水中的时间作为凝结时间的起始时间。

③初凝时间的测定：试件在湿气养护箱中养护至加水后30min时进行第一次测定。测定时，从湿气养护箱中取出试模放到试针下，降低试针与水泥净浆表面接触。拧紧螺丝1～2s后，突然放松，试针垂直自由地沉入水泥净浆。观察试针停止下沉或释放试针30s时指针的读数。当试针沉至距底板4±1mm时，为水泥达到初凝状态；由水泥全部加入水中至初凝状态的时间为水泥的初凝时间，用"min"表示。

④终凝时间的测定：为了准确观测试针沉入的状况，在终凝针上安装了一个环形附件。在完成初凝时间测定后，立即将试模连同浆体以平移的方式从玻璃板取下，翻转180°，直径大端向上，小端向下放在玻璃板上，再放入湿气养护箱中继续养护，临近终凝时间时每隔15min测定一次，当试针沉入试体0.5mm时，即环形附件开始不能在试体上留下痕迹时，为水泥达到终凝状态。由水泥全部加入水中至初凝状态的时间为水泥的终凝时间，用"min"表示。

⑤试验结果处理：根据国家规范对各种水泥的技术要求，从而判定凝结时间是否合格。

（3）水泥安定性测定

1）检测目的

安定性是水泥硬化后体积变化的均匀性，体积的不均匀变化会引起膨胀、裂缝或翘曲等现象。

2）仪器设备

仪器设备包括：沸煮箱、雷氏夹、水泥净浆搅拌机、量筒、天平、标准养护箱等（图4-12）。

图4-12　雷氏夹、沸煮箱、标准养护箱

3）检测步骤

标准法：

①以标准稠度用水量加水制成标准稠度净浆。

②将预先准备好的雷氏夹放在已稍擦油的玻璃板上，并立即将标准稠度净浆装满试模，装模时一只手轻轻扶持试模，另一只手用宽约10mm的小刀插捣15次左右然后抹平，盖上稍涂油的玻璃板，立即将试模移至湿气养护箱内养24±2h。

③脱去玻璃板取下试件，先测量试件指针尖端间的距离 A（精确到 0.5mm）。将试件放入水中篦板上，指针朝上，试件之间互不交叉，然后在 30±5min 内加热至沸，并恒沸 180±5min。

④试验结果：

A. 测量试件指针尖端间的距离 C，记录到小数点后一位，当两个试件煮后增加距离 C—A 的平均值不大于 5.0mm 时，即认为该水泥安定性合格。

B. 当两个试样的 C—A 值相差超过 4mm 时，应用同一样品立即重做一次试验。

代用法：

①试饼成形方法。

将拌制好的水泥净浆取出一部分（约 150g），分成两等份，使之呈球形。将其放在预先准备好的玻璃板，玻璃板尺寸约 100mm×100mm，并稍涂机油，轻轻振动玻璃板，并用湿布擦过的小刀由边缘至中央抹动，做成直径为 70～80mm、中心厚约为 10mm、边缘渐薄、表面光滑的试饼。将做好的试饼放入养护箱内养护 24±2h。

②煮沸法。

调整好煮沸箱的水位，使水在整个煮沸过程中都没过试件，且中途不需加水，同时又能在 30±5min 内沸腾。当用试饼法时，先检查试饼是否完整，如已开裂翘曲要检查其原因，确定无外因时该试饼已属不合格，不必沸煮。在试饼无缺陷的情况下，将试饼放在沸煮箱的水中篦板上，然后在 30±5min 内加热至沸腾，并保持沸水 3h±5min。

③试验结果：目测试件未发现裂缝，用直尺检查也没有弯曲的试饼为体积安定性合格；反之为不合格。当两个试饼的判别结果有矛盾时，该水泥也判为不合格。

（4）水泥胶砂强度检测（ISO 法）

1）检测目的

掌握水泥胶砂强度的测定方法，用以评定水泥的强度等级。

2）仪器设备

仪器设备为：水泥胶砂搅拌机、水泥胶砂振动台、试模、抗压试验机、抗折试验机、抗压夹具、天平、量筒等。

图 4-13　试模，抗压、抗折试验机，抗压夹具

3）检测步骤

①称量水泥 450g，标准砂 1350g，拌合用水 225ml。在行星式水泥胶砂搅拌机中搅

拌，用水泥胶砂振动台振实成型，做好标记放入标准养护箱中养护。

②试件成型后24h脱模，脱模的试件立即放入标准养护箱中养护。到龄期的试体，试验前15min从养护箱中取出，擦去表面的沉积物，并用湿布覆盖。

③将试体放入抗折夹具内，以（50+10）N/s的加荷速度均匀加载，直至折断，在抗折试验机上读出抗折强度值。

④抗折强度后的断块应立即进行抗压强度试验。将试体放入抗压夹具内，在抗压试验机上以（2400+200）N/s的加荷速度均匀加载，直至破坏。

⑤试验结果：

A. 抗折强度以一组3个试体抗折结果作为试验结果。当3个强度值中有一个超出平均值10%时，应剔除后再取平均值，作为抗折强度试验结果。

B. 抗压强度 F_c 按下式计算：

$$F_c = \frac{F}{A} \tag{4-2}$$

式中 F——破坏荷载（N）；

A——受压面积。

以6个试体抗压强度的平均值作为试验结果。当6个测定值中有一个超出平均值10%时，应剔除后取剩下5个的平均值作为试验结果。如果测定值中再有超过它们平均值10%的，则此组试验结果作废。

【能力测试】

（1）水泥安定性定义是什么？

（2）水泥检测环境要求是什么？

（3）水泥必检项目主要包括哪些项目？

（4）水泥安定性检测目的是什么？

【模块概述】

建筑工程中常常需要将散粒状或块状材料粘结成一个整体，并使其具有一定的强度。具有这种粘结作用的材料称为胶凝材料。

胶凝材料按照化学成分不同，可分为无机胶凝材料和有机胶凝材料两大类。无机胶凝材料按硬化条件不同又分为气硬性和水硬性胶凝材料两大类。气硬性胶凝材料只能在空气中凝结硬化、保持和发展强度，如石灰、石膏。气硬性胶凝材料的耐水性较差，一般只适用于地上或干燥环境，不适宜潮湿环境，更不能用于水中。水硬性胶凝材料既能在空气中硬化，又能在水中继续硬化，保持并发展其强度，如水泥。本模块主要学习气硬性胶凝材料中的石灰和石膏。划分为两个项目：石灰的质量检测和石膏。

【学习目标】

（1）理解石灰的特点、技术指标。
（2）熟悉石灰的储运、保管。
（3）熟悉石膏的特点、应用。
（4）了解石灰的检验项目与试验方法。

项目 1　石灰的质量检测

【项目概述】

1. 项目描述

建筑石灰是人类在建筑中最早使用的胶凝材料之一，因其原材料蕴藏丰富、分布广泛、生产工艺简单、成本低廉、使用方便，所以至今仍被广泛应用于各种工程中。本项目依据国家及行业标准，对施工所用的石灰进行质量检测。通过本项目学习，应了解石灰的分类、技术指标、特点；熟悉石灰的储运保管；了解其检验项目和试验方法以及试验结果分析。

2. 检验依据

（1）《建筑生石灰》JC/T 479－2013

（2）《建筑消石灰》JC/T 481－2013

（3）《建筑石灰试验方法 第1部分 物理试验方法》JC/T 478.1－2013

（4）《建筑石灰试验方法 第2部分 化学分析方法》JC/T 478.2－2013

【学习支持】

1. 石灰的分类

建筑石灰按照氧化镁含量的不同，可分为钙质石灰（MgO含量≤5%，代号CL）和镁质石灰（MgO含量>5%，代号ML）。镁质石灰熟化速度较慢，但硬化后强度较高。按照成品加工方法不同，在建筑工程中常用的石灰类型有生石灰块、生石灰粉、消石灰粉和石灰膏。

2. 石灰的技术指标

建筑工程所用的石灰分成两个品种：建筑生石灰（块状与粉状）和建筑消石灰粉。根据建材行业标准将其分成各个等级，其相应的代号和技术指标见表5-1和表5-2。产品各项技术值均达到表内相应等级规定的指标时，则判定为合格品，否则为不合格品。

建筑生石灰的技术要求　　　　　　　　　　　　　　　表 5-1

项目		钙质生石灰			镁质生石灰	
		CL90	CL85	CL75	ML85	ML80
（CaO+MgO 含量）（%）≥		90	85	75	85	80
CO_2（%）≤		4	7	12	7	7
产浆量（L/kg）≥		2.6	2.6	2.6	—	—
细度	0.2mm 筛余量（%）≤	2	2	2	2	2
	90μm 筛余量（%）≤	7	7	7	7	7

注：生石灰块检测产浆量；生石灰粉检测细度。

建筑消石灰粉的技术要求　　　　　　　　　　　　　　表 5-2

项目		钙质消石灰粉			镁质消石灰粉	
		HCL90	HCL85	HCL75	HML85	HML80
（CaO+MgO 含量）（%）≥		90	85	75	85	80
游离水（%）≤		2	2	2	2	2
安定性		合格	合格	合格	合格	合格
细度	0.2mm 筛余量（%）≤	2	2	2	2	2
	90μm 筛余量（%）≤	7	7	7	7	7

【任务实施】

1. 石灰的进场检验

（1）石灰的进场检验项目如表 5-3 所示。

石灰检验项目 表 5-3

建筑生石灰块	CaO + MgO 含量、未消化残渣含量
建筑生石灰粉	CaO + MgO 含量、细度
建筑消石灰粉	CaO + MgO 含量、游离水、体积安定性、细度

（2）石灰的储运

石灰产品可以散装或袋装，具体包装形式由供需双方协商确定。袋装产品，每个包装袋上应标明产品名称、标记、净重、批号、厂名、地址和生产日期。散装产品应提供相应的标签。每批产品出厂时应向用户提供质量证明书，证明书上应注明厂名、产品名称、标记、检验结果、批号、生产日期。

生石灰会吸收空气中的水分和 CO_2，生成 $CaCO_3$ 粉末，从而失去粘结力。因此在运输和储存时不能受潮和混入杂物，不宜长期储存。另外，建筑生石灰是自热材料，熟化时要放出大量的热，因此生石灰不应与易燃、易爆和液体物品混装，以免引起火灾。不同类生石灰应分别储存或运输，不得混杂。通常在石灰进场后可立即陈伏，将储存期转换为熟化期。

2. 石灰的取样与复试

依据建筑石灰试验方法，常规试验包括以下几个方面：

（1）细度（石灰粉）

1）仪器设备

①筛子：筛孔为 0.2mm 和 90μm 套筛。

②天平：量程为 200g，称量精确到 0.1g。

③羊毛刷：4 号。

2）试验步骤

将 100g 样品，放入顶筛中。手持筛子往复摇动，不时轻轻拍打，摇动和拍打过程应保持近于水平，保持样品在整个筛子表面连续运动。用羊毛刷在筛面上轻刷，连续筛选直到 1min 通过的试样量不大于 0.1g。称量每层筛子的筛余质量，精确到 0.1g。

3）结果计算

按下式计算细度：

$$X_1 = \frac{M_1}{M} \times 100\% \tag{5-1}$$

$$X_2 = \frac{M_1 + M_2}{M} \times 100\% \tag{5-2}$$

式中 X_1——0.2mm 方孔筛筛余百分数（%）；

X_2——90μm 方孔筛与 0.2mm 方孔筛两筛上的总筛余百分数（%）；

M_1——0.2mm 方孔筛筛余质量（g）；

M_2——90μm 方孔筛筛余质量（g）；

M——样品质量（g）。

（2）消石灰安定性

1）仪器设备

①天平：量程为 200g，精度 0.2g。

②耐热板：外径不小于 125mm，耐热温度不大于 150℃。

③烘箱，牛角勺，蒸发皿。

2）试验步骤

称取试样 100g，倒入 300mL 蒸发皿内，加入常温水 120mL 作用，在 3min 内拌合成稠浆。一次性浇筑于两块耐热板上，其饼块直径 50 ~ 70mm，中心高 8 ~ 10mm。将试饼在室温放置 5min，然后放入烘箱中，100 ~ 105℃烘干 4h。

3）结果评定

烘干后，目测试饼无溃散、暴突、裂缝现象，则体积安定性合格。

（3）生石灰产浆量、未消化残渣

1）仪器设备

①生石灰消化器：生石灰消化器是由耐石灰腐蚀的金属制成的带盖双层容器，两层容器壁之间的空隙由保温材料矿渣棉填充。生石灰消化器每 2mm 高度产浆量为 1L/10kg。

②天平：量程为 1000g，精度 1g。

③量筒，烘箱，搪瓷盘，钢板尺。

2）试验步骤

在消化器中加入 320±1mL 温度为 20±2℃的水，然后加入 200±1g 的生石灰。慢慢搅拌混合，然后根据生石灰的消化需要立刻加入适量的水。继续搅拌片刻后，盖上生石灰消化器的盖子。静置 24h 后，取下盖子。若此时消化器内，石灰膏顶面之上有不超过 40mL 的水，说明消化过程中加入的水量是合适的，否则调整加水量。测定石灰膏的高度，测 4 次，取其平均值。

提起消化器内筒，用清水冲洗筒内残渣，至水流不浑浊。将残渣移入搪瓷盘内，放入烘箱中，100 ~ 105℃烘干至恒重。冷却至室温后用 5mm 圆孔筛筛分，称量筛余残渣质量（M_3）。

3）结果计算

①以每 2mm 的浆体高度标识产浆量，按下式计算：

$$X = \frac{H}{2} \tag{5-3}$$

式中 X——产浆量（L/10kg）；

H——四次测定的浆体高度平均值（mm）。

②按下式计算未消化残渣百分含量：

$$X_3 = \frac{M_3}{M} \times 100\%$$
(5-4)

式中 X_3——未消化残渣百分含量（%）；

　　M_3——未消化残渣质量（g）；

　　M——样品质量（g）。

（4）消石灰游离水

1）仪器设备

①电子分析天平：量程为200g，精度0.1mg。

②称量瓶：30mm×60mm。

③烘箱。

2）试验步骤

称取5g消石灰样品，精确到0.1mg。放入称量瓶中，在105±5℃烘箱内烘干至恒重。立即将其放入干燥器中，冷却至室温，称重。

3）结果计算

按下式计算消石灰游离水：

$$W_F = \frac{M_4 - M_5}{M_4} \times 100\%$$
(5-5)

式中 W_F——消石灰游离水（%）；

　　M_4——干燥前样品重（g）；

　　M_5——干燥后样品重（g）。

【知识拓展】

1. 石灰的原料及生产

（1）石灰的原料

生产石灰的主要原料是以碳酸钙为主要成分的天然岩石，常用的有石灰石、白云石等。这些原料中常含有碳酸镁和黏土杂质，一般要求黏土杂质控制在8%以内。生产石灰的原料，除了用天然原料外，另一来源是利用化学工业副产品。

（2）石灰的生产

石灰石经过煅烧生成生石灰，其化学反应式如下：

$$CaCO_3 \rightarrow CaO + CO_2\uparrow$$

正常温度下煅烧得到的石灰具有多孔结构，内部孔隙率大，表观密度小，与水反应快。实际生产中，若煅烧温度过低，煅烧时间不充足，则碳酸钙不能完全分解，将生成欠火石灰，使用时产浆量较低，质量较差，降低了石灰的利用率；若煅烧温度过高，煅烧时间过长，生成颜色较深，表观密度较大的过火石灰。过火石灰与水反应缓慢，其细小颗粒可能在石灰使用之后熟化，体积膨胀，致使硬化的砂浆产生"鼓泡"或"开裂"现象，会严重影响工程质量。

为避免这种现象的出现，在使用前必须使过火石灰熟化或将其除去。常采用的方法是在熟化过程中首先将较大尺寸的过火石灰块利用筛网等去除（同时也可以去除较大的欠火石灰块，以改善石灰质量），之后让石灰浆在储灰池中"陈伏"两周以上，使较小的过火石灰块熟化。"陈伏"期间，石灰浆表面应覆盖一层水，以隔绝空气，防止石灰浆表面碳化。

2. 石灰的特性

（1）良好的保水性和可塑性

生石灰熟化成的石灰浆，具有较强的保水性（即材料保持水分不泌出的能力）和可塑性。利用这一性质，将其掺入水泥砂浆中，配合成混合砂浆，可显著提高其和易性，便于施工。

（2）凝结硬化慢，强度低

石灰的凝结硬化速率很慢，且硬化后的强度很低。如 1：3 的石灰砂浆，28d 的抗压强度仅为 0.2 ~ 0.5MPa。所以石灰不宜用于承重部位。

（3）耐水性差

若石灰浆体尚未硬化之前，就处于潮湿环境中，由于石灰中水分不能蒸发出去，则其硬化停止；若是已经硬化的石灰，长期受潮或受水浸泡，则会溶于水，使硬化的石灰溃散。因此，石灰不宜在潮湿或易受水浸泡的部位使用。

（4）硬化时体积收缩大

石灰浆在硬化过程中，要蒸发掉大量水分，引起体积收缩，易出现干缩裂缝，因此除调成石灰乳做薄层粉刷外，不宜单独使用。在建筑工程中应用时，常在石灰中加入适量的砂、麻刀、纸筋等，以抵抗收缩引起的开裂和增加抗拉强度。

（5）吸湿性强

生石灰是一种传统常用的干燥剂，从空气中吸收水分，具有较强的吸湿性。

3. 石灰的应用与发展趋势

（1）石灰乳涂料和砂浆

用消石灰粉或熟化好的石灰膏加水稀释成为石灰乳涂料，可以用于内墙和顶棚的粉刷；用石灰膏或生石灰粉配制的石灰砂浆或水泥石灰混合砂浆，可以用于墙体的砌筑，也可以用于墙面的抹灰。

（2）配制灰土和三合土

熟石灰粉可用来配制灰土（熟石灰＋黏土）和三合土（熟石灰＋黏土＋砂、石或炉渣等填料）。常用的是三七灰土和四六灰土，分别表示熟石灰和黏土的体积比例为3：7和4：6。灰土和三合土经夯实后强度高、耐水性好，操作简单，价格低廉，广泛用于建筑物、道路的垫层和基础。

（3）制造硅酸盐制品

将磨细的生石灰或消石灰与硅质材料（如粉煤灰、火山灰、矿渣等）按照一定比例配合经搅拌、成型、蒸压处理等工序制造的人造材料，称为硅酸盐制品。在建筑工程上常用的硅酸盐制品有粉煤灰砖、粉煤灰砌块、蒸压灰砂砖、加气混凝土砌块等墙体材料。

（4）制作碳化石灰板

将磨细生石灰、纤维状填料（如玻璃纤维）或轻质骨料（如炉渣）和水按照一定比例搅拌成型，然后通入高浓度二氧化碳进行人工碳化，经过 12 ～ 24h 而制成的轻质板材称为碳化石灰板。这种碳化石灰板热导率较小，保温隔热性能较好，是一种新型节能建筑材料，可以用于非承重内墙板、天花板等。

【能力测试】

请观察图 5-1 中 A、B 两种已经硬化的水泥石灰砂浆产生的裂纹有何差别，并讨论其成因。

砂浆A   砂浆B

图 5-1

项目 2　石膏

【项目概述】

1. 项目描述

石膏作为一种有着悠久历史的胶凝材料，比石灰具有更为优越的建筑性能。它的资源丰富，具有轻质、高强、隔热、吸声、耐火、容易加工等一系列优点。特别是近年来广泛采用框架轻板结构，作为轻质板材主要品种之一的石膏板受到普遍重视，其生产和应用都得到快速发展，是一种有发展前途的建筑材料。

通过本项目的学习，学生能够理解石膏的特点与技术指标；熟悉石膏的应用；会对石膏进行储运和保管。

2. 检验依据

《建筑石膏》GB/T 9776—2008

【学习支持】

1. 石膏的分类

建筑石膏呈洁白粉末状，根据国家标准《建筑石膏》GB/T 9776-2008 的规定，建筑石膏按照原材料种类可分为三类：天然建筑石膏（N）、脱硫建筑石膏（S）、磷建筑石膏（P）。按照 2h 抗折强度分为 3.0、2.0、1.6 三个等级。

2. 石膏的技术指标

建筑石膏技术要求的具体指标见表 5-4。其中抗折与抗压强度为试样与水接触后 2h 测得。

建筑石膏的物理性能 表 5-4

等级	细度（0.2mm方孔筛筛余）（%）	凝结时间（min）		2h强度（MPa）	
		初凝	终凝	抗折	抗压
3.0				≥ 3.0	≥ 6.0
2.0	≤ 10	≥ 3	≤ 30	≥ 2.0	≥ 4.0
1.6				≥ 1.6	≥ 3.0

建筑石膏按照产品名称、代号、等级及标准号的顺序进行标记。如等级为 2.0 的天然建筑石膏标记如下：建筑石膏 N2.0 GB/T 9776-2008。

3. 建筑石膏的特性

（1）凝结硬化快

建筑石膏的初凝和终凝时间很短，加水后 3min 即开始凝结，终凝不超过 30min，在室温自然干燥条件下，约 1 周时间可以完全硬化。因此为满足施工操作的要求，常掺入缓凝剂，如硼砂、纸浆废液、骨胶、皮胶等。

（2）硬化时体积微膨胀

建筑石膏在凝结硬化时体积微膨胀，硬化时不出现干缩裂缝，可单独使用。这种特性可使成型的石膏制品表面光滑、轮廓清晰、线角饱满、尺寸准确，可做装饰制品。

（3）孔隙率大

建筑石膏硬化后孔隙率可达 50% ~ 60%，因此其具有质轻、保温隔热性能好、吸声性强等优点。但孔隙率大使得石膏制品强度低、吸水率大。

（4）具有一定的"调湿性"

由于石膏制品的多孔结构，其热容量大、吸湿性强。当室内温度、湿度变化时，由于制品的"呼吸"作用，使环境温度、湿度能得到一定的调节。

（5）耐水性、抗冻性差

石膏制品软化系数小，耐水性差，若吸水后受冻，将因水分结冰膨胀而开裂，所以石膏制品不宜用于室外。

（6）具有一定的防火性

石膏硬化后的产物二水石膏在遇火后，结晶水蒸发吸热，表面形成蒸汽幕，起到阻止火势蔓延的作用。但建筑石膏不宜长期在 65℃ 以上的高温部位使用，以免二水石膏缓慢脱水分解而使强度降低。

4. 建筑石膏的应用

（1）室内抹灰及粉刷

将建筑石膏加水调成浆体，可用作室内粉刷材料。石膏浆中还可以掺入部分石灰，或将建筑石膏加水、砂拌合成石膏砂浆，用于室内抹灰或作为油漆打底使用。石膏砂浆具有绝热、阻火、吸声、施工方便、凝结硬化快、粘结牢固、舒适、洁白美观等优点，所以称其为室内高级粉刷和抹灰材料。石膏抹灰的墙面和顶棚，可以直接涂刷油漆以及粘贴墙纸。

（2）装饰制品

以石膏为主要原料，掺入少量纤维增强材料和胶料，加水搅拌成石膏浆体，注入各种模具，利用其硬化体积微膨胀的特点，得到各种表面光滑、花样形状不同的石膏装饰制品。石膏装饰品具有色彩鲜艳、品种多样、造型美观、施工方便等优点，是公用建筑物和顶棚常用的装饰制品。

（3）石膏板

石膏板具有质轻、隔热保温、吸声、阻燃及施工方便等性能。除此之外，原料来源广泛、设备简单、生产周期短等优点使得石膏板的生产和应用迅速发展起来。我国目前生产的石膏板，主要有纸面石膏板、石膏空心条板、石膏装饰板和纤维石膏板等。此外，还有石膏蜂窝板、防潮石膏板、石膏矿棉复合板等。

5. 建筑石膏的标志、储运、保管

建筑石膏一般采用袋装或散装供应。袋装时，应用防潮袋包装。产品出厂时应带有产品检验合格证。袋装时，包装袋上应清楚标明产品标记，以及生产厂名、厂址、商标、批量编号、净重、生产日期和防潮标志。建筑石膏在运输和贮存时，不得受潮和混入杂物。建筑石膏自生产之日起，在正常运输与贮存条件下，贮存期为 3 个月。

【能力测试】

（1）石膏板可做内墙板，而不能做外墙板的主要原因是（　　）。

　　A. 孔隙率小　　　　B. 隔热保温性差　　　　C. 耐火性好　　　　D. 耐水性差

（2）建筑石膏为什么适宜作为室内建筑装饰制品？

模块 6
砂、石

【模块概述】

> 砂，在施工中称为细骨料；石，在施工中称为粗骨料。砂、石是组成混凝土和砂浆的主要组成材料之一，是土木工程的大宗材料。采用级配好的砂、石，不仅可以节省水泥，还可以提高混凝土和砂浆的密实度及强度。

【学习目标】

（1）了解砂的分类组成，砂的性质及适用范围。

（2）重点掌握砂的筛分析，含泥量，泥块含量检测方法，以及砂在实际工程中的应用。

（3）了解石子的分类组成，石子的性质及适用范围。

（4）重点掌握石子的筛分析，含泥量，泥块含量，石子压碎值，针状和片状颗粒的总量等检测方法，以及石子在实际工程中的应用。

项目 1　砂的质量检测

【项目概述】

1. 项目描述

本项目为砂质量检测。砂的必检项目包括：砂的筛分析，含泥量，泥块含量检测方法及在实际工程中的应用。

2. 检验依据

（1）《普通混凝土用砂、石质量及检验方法标准》JGJ 52－2006

（2）《建筑用砂》GB/T 14684－2011

【学习支持】

1. 主要相关术语

（1）天然砂：由自然条件作用而形成的，粒径在 5mm 以下的岩石颗粒。按其产源不同，可分为河砂、海砂和山砂。

（2）含泥量：砂中粒径小于 0.080mm 颗粒的含量。

（3）泥块含量：砂中粒径大于 1.25mm，经水洗、手捏后变成小于 0.630mm 颗粒的含量。

2. 砂常规

（1）砂的概念

砂是用于拌合混凝土的一种细骨料，一般指自然形成或由机械破碎，粒径在 5mm 以下的岩石颗粒。

（2）砂的质量要求

1）砂的细度模数 μ_f（表 6-1）

砂的细度模数 　　　　　　　　　　　　　　　　　　　　　　　表 6-1

粗砂	中砂	细砂	特细砂
3.7 ~ 3.1	3.0 ~ 2.3	2.2 ~ 1.6	1.5 ~ 0.7

2）砂的颗粒级配区（表 6-2）

砂的颗粒级配区 　　　　　　　　　　　　　　　　　　　　　　表 6-2

公称粒径（mm）	级配Ⅰ区	级配Ⅱ区	级配Ⅲ区
	累计筛余（%）		
5.00	10 ~ 0	10 ~ 0	10 ~ 0
2.50	35 ~ 5	25 ~ 0	15 ~ 0
1.25	65 ~ 35	50 ~ 10	25 ~ 0
0.630	85 ~ 71	70 ~ 41	40 ~ 16
0.315	95 ~ 80	92 ~ 70	85 ~ 55
0.160	100 ~ 90	100 ~ 90	100 ~ 90

注：1. 除特细砂外，砂的颗粒级配按公称直径 630μm 筛孔的累计筛余百分率，分成三个级配区，砂的颗粒级配应处于其中的某一区；

　　2. 砂的实际颗粒级配与表中的累计筛余百分率相比，除公称直径为 5.00mm 和 0.630mm 的累计筛余外，其余公称直径的累计筛余可稍有超出分界线，但总量应不大于 5%；

　　3. 当天然砂的实际颗粒级配不符合要求时，宜采取相应的技术措施，并经试验证明能确保混凝土质量后方许使用；

　　4. 配制混凝土时宜优先选用Ⅱ区砂。当采用Ⅰ区砂时，应提高砂率，并保持足够的水泥用量，满足混凝土的和易性；当采用Ⅲ区砂时，宜适当降低砂率；当采用特细砂时，应符合相应的规定；

　　5. 配制泵送混凝土，宜选用中砂；

　　6. 特细砂一般没有筛余，只有某些区有些筛余。

3. 砂的包装、标志和储运

每组样品应妥善包装，避免细料散失及防止污染，并附样品卡片，标明样品的编号、取样时间、代表数量、产地、样品量、要求检验项目及取样方式等。

【任务实施】

1. 取样方法及检测环境

（1）取样方法

每验收批取样方法应按下列规定执行：

1）在料堆上取样时，取样部位应均匀分布，取样前先将取样部位表面层铲除，然后由各个部位抽取大致相等的砂共8份，组成一组试样。

2）从皮带运输机上取样时，应在皮带运输机尾部的出料处用接料器定时取出4份组成一组样品。

3）从火车、汽车、货船等处取样时，从不同部位和深度抽取大致相等的砂8份，组成一个试样。

4）若检测不合格时，应重新取样，对不合格项进行加倍复试，若仍然有一个试样不能满足要求，应按不合格品处理。

5）每组样品的取样数量，对每一个单项试验，应不少于表6-3的规定。

（2）砂的缩分方法

采用人工四分法缩分：将所取每组样品置于平板上，在潮湿状态下拌合均匀，并堆成厚度约为200mm的圆饼，然后沿互相垂直的两条直径把圆饼分成大致相等四份，取其对角的两份重新拌匀，再堆成圆饼重复上述过程，直至缩分后的材料量略多于进行试验所必需的量为止；对较少的砂样品（如做单项试验时），可采用较干原砂样，但应该仔细拌匀后缩分。砂的堆积密度和紧密密度及含水率检验所用的砂样可不经缩分，在拌匀后直接进行试验。

每一试样项目所需砂的最少取样数量		表 6-3
序号	试验项目	最少取样数量（g）
1	筛分析	4400
2	表面密度	2600
3	吸水率	4000
4	紧密密度和堆积密度	5000
5	含水率	1000
6	含泥量	4400
7	泥块含量	20000
8	有机质含量	2000
9	云母含量	600
10	轻物质含量	3200

续表

序号	试验项目	最少取样数量（g）
11	坚固性	1000
12	硫化物及硫酸盐含量	50
13	氯离子含量	2000
14	碱活性	20000

（3）检测环境

在砂的表观密度试验过程中应测量并控制水的温度，试验的各项称量可以在15～25℃的温度范围内进行，从试样加水静置的最后2h起直至试验结束，其温度相差不应超过2℃。

2. 检测方法

砂的必检项目主要包括：筛分析，含泥量，泥块含量检测。

（1）筛分析

1）检测目的

通过试验测定砂的颗粒级配，计算砂的细度模数，评定砂的粗细程度；掌握《建筑用砂》GB/T14684-2011的测试方法，正确使用仪器与设备，并熟悉其性能。

2）仪器设备（图6-1）

图6-1 筛分析仪器设备

①试验筛：公称直径分别为10.0mm、5.00mm、2.50mm、1.25mm、630μm、315μm、160μm的方孔筛各一只，筛的底盘和盖各一只；筛框直径为300mm。

②天平：称量1000g，感量1g。

③摇筛机。

④烘箱——温度控制范围为 105±5℃。

⑤浅盘、硬、软毛刷等。

3）检测步骤

①准确称取试样 500g，精确到 1g。

②将标准筛按孔径由大到小的顺序叠放，加底盘后，将称好的试样倒入最上层的 4.75mm 筛内，加盖后置于摇筛机上，摇约 10min。

③将套筛自摇筛机上取下，按筛孔大小顺序再逐个用手筛，筛至每分钟通过量小于试样总量 0.1% 为止。通过的颗粒并入下一号筛中，并和下一号筛中的试样一起过筛，按这样的顺序进行，直至各号筛全部筛完为止。

④称取各号筛上的筛余量，试样在各号筛上的筛余量不得超过 200g，否则应将筛余试样分成两份，再进行筛分，并以两次筛余量之和作为该号筛的筛余量。

⑤试验结果计算与评定：

A. 计算分计筛余百分率：各号筛上的筛余量与试样总量相比，精确至 0.1%。

B. 计算累计筛余百分率：每号筛上的筛余百分率加上该号筛以上各筛余百分率之和，精确至 0.1%。筛分后，若各号筛的筛余量与筛底的量之和同原试样质量之差超过 1% 时，须重新试验。

C. 砂的细度模数按式（6-1）计算，精确至 0.1。

$$\mu_f = \frac{(\beta_2 + \beta_3 + \beta_4 + \beta_5 + \beta_6) - 5\beta_1}{100 - \beta_1} \tag{6-1}$$

式中 μ_f——砂的细度模数；

β_1、β_2、β_3、β_4、β_5、β_6——分别为 5.00、2.50、1.25、0.630、0.315、0.160mm 各筛上的累计筛余百分率。

D. 累计筛余百分率取两次试验结果的算术平均值，精确至 1%。细度模数取两次试验结果的算术平均值，精确至 0.1；如两次试验的细度模数之差超过 0.20 时，须重新试验。

（2）含泥量（标准法）

本方法适用于测定粗砂、中砂和细砂的含泥量。

1）检测目的

混凝土用砂的含泥量对混凝土的技术性能有很大影响，故在拌制混凝土时应对建筑用砂含泥量进行试验，为普通混凝土配合比设计提供原材料参数。

2）仪器设备

①托盘天平：称量 1kg，感量 1g；

②烘箱：能使温度控制在 105℃±5℃；

③筛：孔径 0.080mm 和 1.25mm 各一个；

④洗砂用筒及烘干用的浅盘。

3）检测步骤

①将样品在潮湿状态下用四分法缩分至约 1100g，置于温度为 100～110℃的烘箱

中烘干至恒重，冷却至室温后，立即称取各为400g的试样两份备用。

②取烘干的试样一份置于容器中，并注入饮用水，使水面高出砂面约150mm，充分拌混均匀后，浸泡2h，然后，用手在水中淘洗试样，使尘屑、淤泥和黏土与砂粒分离，并使之悬浮或溶于水中。缓缓地将浑浊液倒入1.25mm及0.080mm的套筛（1.25mm筛放在上面）上，滤去小于0.080mm的颗粒。试验前筛子的两面应先用水润湿，在整个试验过程中应注意避免砂粒丢失。

③再次加水于筒中，重复上述过程，直至筒内洗出的水清澈为止。

④用水冲洗剩留在筛中的细粒。并将0.080mm筛放在水中（使水面略高出筛中砂粒的上表面）来回摇动，以充分洗除小于0.080mm的颗粒。然后将两只筛上剩留的颗粒和筒中经洗净的试样一并装入浅盘，置于温度为100～110℃的烘箱中烘干至恒重。取出来冷却至室温后，称试样的重量（m_1）。

⑤数据处理与结果判定

含泥量 ω_c 按下式计算（精确至0.1%）：

$$\omega_c = \frac{m_0 - m_1}{m_0} \times 100\% \qquad (6\text{-}2)$$

式中 ω_c——含泥量（%）；

m_0——试验前烘干试样的重量（g）；

m_1——试验后烘干试样的重量（g）。

以两个试样试验结果的算术平均值作为测定值。两次结果之差大于0.5%时，应重新取样进行试验。按《建设用砂》GB/T 14684—2011标准检测时，不考虑两次结果之差，以两个试样试验结果的算术平均值作为测定值。

（3）泥块含量

1）检测目的

测定水泥混凝土用砂中颗粒大于1.18mm的泥块含量。

2）仪器设备

①天平（量程2000g，感量2g）；

②烘箱（105±5℃）；

③筛（孔径为0.630mm及1.25mm各一个）；

④洗砂用的容器及烘干用的浅盘等。

3）检测步骤

①将样品在潮湿状态下用四分法缩分至约5000g，置于温度为100～110℃的烘箱中烘干至恒重，冷却至室温后，用1.25mm筛筛分，取筛上的砂不少于400g分为两份备用。特细砂按实际筛分量。

②称取试样200g（m_1）置于容器中，并注入饮用水，使水面高出砂面约150mm。充分拌混均匀后，浸泡24h，然后用手在水中碾碎泥块，再把试样放在0.630mm筛上，用水淘洗，直至水清澈为止。

③保留下来的试样应小心地从筛里取出，装入浅盘后，置于温度为100～110℃烘

箱中烘干至恒重，冷却后称重（m_2）。

④数据处理与结果判定

泥块含量 $\omega_{c,1}$ 应按式（6-3）计算：

$$\omega_{c,1} = \frac{m_1 - m_2}{m_1} \times 100\% \tag{6-3}$$

式中 $\omega_{c,1}$——泥块含量（%）；

　　m_1——试验前烘干试样的重量（g）；

　　m_2——试验后烘干试样的重量（g）。

以两个试样试验结果的算术平均值作为测定值。

【能力测试】

1. 天然砂的定义是什么？

2. 砂的取样方法是什么？

项目2　石的质量检测

【项目概述】

1. 项目描述

本项目为石的质量检测，重点阐述石子的筛分析，含泥量，泥块含量，石子压碎值，针状和片状颗粒的总量等检测方法及在实际工程中的应用。

2. 检验依据

(1)《普通混凝土用砂、石质量及检验方法标准》JGJ 52–2006

(2)《建筑用卵石、碎石》GB/T 14685–2011

【学习支持】

1. 主要相关术语

(1) 碎石：由天然岩石或卵石经破碎、筛分而得的粒径大于 5mm 的岩石颗粒。

(2) 卵石：由自然条件作用而形成的，粒径大于 5mm 的岩石颗粒。

(3) 针、片状颗粒：凡岩石颗粒的长度大于该颗粒所属粒级的平均粒径 2.4 倍者为针状颗粒；厚度小于平均粒径 0.4 倍者为片状颗粒。

(4) 含泥量：粒径小于 0.080mm 颗粒的含量。

(5) 泥块含量：集料中粒径大于 5mm，经水洗、手捏后变成小于 2.5mm 的颗粒的含量。

(6) 压碎指标值：碎石或卵石抵抗压碎的能力。

2. 石常规

（1）石的概念

石子是指由天然岩石经人工破碎而成，或经自然条件风化、磨蚀而成的粒径大于 5mm 的岩石颗粒。由人工破碎而成的称为碎石；自然条件作用形成的称为卵石。

（2）石的质量要求

1）石筛应采用方孔筛。石的公称粒径、石筛筛孔的公称直径与方孔筛筛孔边长应符合表 6-4 的规定。

石筛筛孔的公称直径与方孔筛尺寸（mm）　　　　　　　　　表 6-4

石的公称粒径	石筛筛孔的公称直径	方孔筛筛孔边长
2.50	2.50	2.36
5.00	5.00	4.75
10.0	10.0	9.5
16.0	16.0	16.0
20.0	20.0	19.0
25.0	25.0	26.5
31.5	31.5	31.5
40.0	40.0	37.5
50.0	50.0	53.0
63.0	63.0	63.0
80.0	80.0	75.0
100.0	100.0	90.0

碎石或卵石的颗粒级配，应符合表 6-5 的要求。混凝土用石应采用连续粒级。单粒级宜用于组合成满足要求级配的连续粒级，也可与连续粒级混合使用，以改善其级配或配成较大粒度的连续粒级。当卵石的颗粒级配不符合表 6-5 要求时，应采取措施并经试验证实能确保工程质量后，方允许使用。

碎石或卵石的颗粒级配范围　　　　　　　　　表 6-5

级配情况	公称粒级（mm）	累计筛余，按质量计（%）											
		方孔筛筛孔边长尺寸（mm）											
		2.36	4.75	9.5	16.0	19.0	26.5	31.5	37.5	53	63	75	90
连续粒级	5～10	95～100	80～100	0～15	0	—	—	—	—	—	—	—	—
	5～16	95～100	85～100	30～60	0～10	0	—	—	—	—	—	—	—

续表

级配情况	公称粒级（mm）	累计筛余，按质量计（%）											
		方孔筛筛孔边长尺寸（mm）											
		2.36	4.75	9.5	16.0	19.0	26.5	31.5	37.5	53	63	75	90
连续粒级	5～20	95～100	90～100	40～80	—	0～10	0	—	—	—	—	—	—
	5～25	95～100	90～100	—	30～70	—	0～5	0	—	—	—	—	—
	5～31.5	95～100	90～100	70～90	—	15～45	—	0～5	0	—	—	—	—
	5～40	—	95～100	70～90	—	30～65	—	—	0～5	0	—	—	—
单粒级	10～20	—	95～100	85～100	—	0～15	0	—	—	—	—	—	—
	16～31.5	—	95～100	—	85～100	—	—	0～10	0	—	—	—	—
	20～40	—	—	95～100	—	80～100	—	—	0～10	0	—	—	—
	31.5～63	—	—	—	95～100	—	—	75～100	45～75	—	0～10	0	—
	40～80	—	—	—	—	95～100	—	—	70～100	—	30～60	0～10	0

2）碎石或卵石中针、片状颗粒含量应符合表 6-6 的规定。

针、片状颗粒含量　　　　　　　　　　　　表 6-6

混凝土强度等级	≥ C60	C55～C30	≤ C25
针、片状颗粒含量（按质量计，%）	≤ 8	≤ 15	≤ 25

3）碎石或卵石中的含泥量应符合表 6-7 的规定。

碎石或卵石中含泥量　　　　　　　　　　　表 6-7

混凝土强度等级	≥ C60	C55～C30	≤ C25
含泥量（按质量计，%）	≤ 0.5	≤ 1.0	≤ 2.0

对于有抗冻、抗渗或其他特殊要求的混凝土，其所用碎石或卵石的含泥量不应大于 1.0%。当碎石或卵石的含泥是非黏土质的石粉时，其含混量可由表 6-7 的 0.5%、1.0%、2.0%，分别提高到 1.0%、1.5%、3.0%。

4）碎石或卵石中的泥块含量应符合表 6-8 的规定。

碎石或卵石中泥块含量　　　　　　　　　　表 6-8

混凝土强度等级	≥ C60	C55～C30	≤ C25
泥块含量（按质量计，%）	≤ 0.2	≤ 0.5	≤ 0.7

对于有抗冻、抗渗和其他特殊要求的强度等级小于 C30 的混凝土，其所用碎石或卵石的泥块含量应不大于 0.5%。

5）碎石的强度可用岩石的抗压强度和压碎值指标表示。岩石的抗压强度应比所配制的混凝土强度至少高 20%。当混凝土强度等级大于或等于 C60 时，应进行岩石抗压强度检验，岩石强度首先应由生产单位提供，工程中可采用压碎值指标进行质量控制。碎石的压碎值指标宜符合表 6-9、表 6-10 的规定。

碎石的压碎值指标 表 6-9

岩石品种	混凝土强度等级	碎石压碎值指标（%）
沉积岩	C60 ~ C40	≤ 10
	≤ C35	≤ 16
变质岩或深成的火成岩	C60 ~ C40	≤ 12
	≤ C35	≤ 20
喷出的火成岩	C60 ~ C40	≤ 13
	≤ C35	≤ 30

注：沉积岩包括石灰岩、砂岩等；变质岩包括片麻岩、石英岩等；深成的火成岩包括花岗岩、正长岩、闪长岩和橄榄岩等；喷出的火成岩包括玄武岩和辉绿岩等。

卵石的压碎值指标 表 6-10

混凝土强度等级	C60 ~ C40	≤ C35
压碎值指标（%）	≤ 12	≤ 16

【任务实施】

1. 取样方法及缩分

（1）取样方法

1）在料堆上取样时，取样部位应均匀分布，取样前先将取样部位表面层铲除，然后由各个部位抽取大致相等的石子共 16 份，组成一组试样。

2）从皮带运输机上取样时，应在皮带运输机尾部的出料处用接料器定时取出 8 份石子，组成一组样品。

3）从火车、汽车、货船等处取样时，从不同部位和深度抽取大致相等的石子 16 份，组成样品。

4）若检测不合格时，应重新取样，对不合格项进行加倍复试，若仍然有一个试样不能满足要求，应按不合格品处理。

5）每组样品的取样数量，对每一个单项试验，应不少于表 6-11 的规定。

每一单项检验项目所需碎石或卵石的最少取样质量（kg）　　　　表 6-11

试验项目	最大公称粒径							
	10.0	16.0	20.0	25.0	31.5	40.0	63.0	80.0
筛分析	8	15	16	20	25	32	50	64
表观密度	8	8	8	8	12	16	24	24
含水率	2	2	2	2	3	3	4	6
吸水率	8	8	16	16	16	24	24	32
堆积密度、紧密密度	40	40	40	40	80	80	120	120
含泥量	8	8	24	24	40	40	80	80
泥块含量	8	8	24	24	40	40	80	80
针、片状含量	1.2	4	8	12	20	40	—	—
硫化物及硫酸盐	1.0							

注：有机物含量、坚固性、压碎值指标及碱—骨料反应检验，应按试验要求的粒级及质量取样。

6）每组样品应妥善包装，避免细料散失，防止污染，并附样品卡片，标明样品的编号、取样时间、代表数量、产地、样品量、要求检验项目及取样方式等。

（2）石子的缩分

将每组样品置于平板上，在自然状态下拌合均匀，并堆成锥体，然后沿互相垂直的两条直径把锥体分成大致相等的四份，取其对角的两份重新拌匀，再堆成锥体，重复上述过程，直至缩分的材料量略多于试验所必需的量为止。石子的含水率、堆积密度、紧密密度检验所用的试样，不经缩分，拌匀后直接进行试验。

2. 检测方法

石子的必检项目主要包括：筛分析，含泥量，泥块含量，针状和片状颗粒的总量，石子压碎值检测。

本书以水泥混凝土用石子为例，其余如沥青混合料参照《公路工程集料试验规程》JTG E42-2005。

（1）筛分析

1）检测目的

通过筛分试验测定碎石或卵石的颗粒级配，以便于选择优质粗集料，达到节约水泥和改善混凝土性能的目的。

2）仪器设备

①方孔筛：孔径为 100mm、80mm、63mm、50mm、40mm、31.5mm、25mm、20mm、16mm、10mm、5mm、2.5mm 及 300mm 的筛，并附有筛底和筛盖。

②烘箱：能使温度控制在 105±5℃。

③摇筛机。

④台秤或天平：感量为试样量的 0.1% 左右。

3）检测步骤

①按表 6-12 的规定称取试样一份，精确到 1g。将试样倒入按孔径大小从上到下组合的套筛上。

筛分析所需试样的最少质量   表 6-12

公称粒径（mm）	10.0	16.0	20.0	25.0	31.5	40.0	63.0	80.0
试样最少质量（kg）	2.0	3.2	4.0	5.0	6.3	8.0	12.6	16.0

②将套筛放在摇筛机上，摇 10min；取下套筛，按筛孔大小顺序再逐个进行手筛，筛至每分钟通过量小于试样总量的 0.1% 为止。通过的颗粒并入下一个筛，并和下一号筛中的试样一起过筛，直至各号筛全部筛完。当筛余颗粒的粒径大于 19.0mm，在筛分过程中允许用手指拨动颗粒。

③称出各号筛的筛余量，精确至 1g。

筛分后，如所有筛余量与筛底的试样之和与原试样总量相差超过 1%，则须重新试验。

④试验结果计算与评定：

A. 称各筛的筛余质量，计算分计和累计筛余百分率，精确至 0.1%。

B. 根据各号筛的累计筛余百分率，评定该试样的颗粒级配。粗集料各号筛上的累计筛余百分率应满足国家规范规定的粗集料颗粒级配的范围要求。

（2）含泥量

1）检测目的

石中含泥量过大会降低混凝土骨料界面的粘结强度，降低混凝土的抗拉强度，对控制混凝土的裂缝不利。

2）仪器设备

①托盘天平：称量 1kg，感量 1g；称量 20kg，感量 20g；

②烘箱：能使温度控制在 $105 \pm 5℃$；

③筛：孔径 1.25mm 和 0.08mm 各一个；

④容积为 10L 的瓷盘及烘干用的浅盘。

3）检测步骤

①检测前，将试样用四分法缩分至表 6-13 所规定的量（注意防止细粉丢失），置于温度为 $105 \pm 5℃$ 的烘箱内烘干至恒重，冷却至室温后分成两份备用。

含泥量试验所需的试样最少质量   表 6-13

最大公称粒径（mm）	10.0	16.0	20.0	25.0	31.5	40.0	63.0	80.0
试样量不少于（kg）	2	2	6	6	10	10	20	20

②称取试样一份（m_0）装入容器中摊平，并注入饮用水，使水面高出石子表面约

150mm；用手在水中淘洗颗粒，使尘屑、淤泥和黏土与较粗颗粒分离，并使之悬浮或溶解于水。缓缓地将浑浊液倒入 1.25mm 及 0.080mm 的套筛（1.25mm 筛放置上面），滤去小于 0.080mm 的颗粒。试验前筛子的两面应先用水润湿。在整个试验过程中应注意避免大于 0.080mm 的颗粒丢失。

③再次加水于容器中，重复上述过程，直至洗出的水清澈为止。

④用水冲洗剩留在筛上的细粒，并将孔径为 0.080mm 的筛放在水中（使水面略高出筛内颗粒）来回摇动，以充分洗除小于 0.080mm 的颗粒。然后，将两只筛上剩留的颗粒和筒中已洗净的试样一并装入浅盘，置于温度为 105±5℃ 的烘箱中烘干至恒重。取出冷却至室温后，称取试样的重量（m_1）。

⑤数据处理与结果判定：

碎石或卵石的含泥量 ω_c 应按式（6-4）计算（精确至 0.1%）。

$$\omega_c = \frac{m_0 - m_1}{m_0} \times 100\% \qquad (6\text{-}4)$$

式中 m_0——试验前的烘干试样重量（g）；

m_1——试验后的烘干试样重量（g）。

以两个试样试验结果的算术平均值作为测定值。如两次结果的差值超过 0.2% 时，应重新取样进行试验。

1）检测目的

测定水泥混凝土用石中颗粒大于 1.18mm 的泥块含量。

2）仪器设备

①天平（量程 2000g，感量 2g）；

②烘箱（105±5℃）；

③筛（孔径为 2.50mm 及 5.00mm 各一个）；

④洗砂用的容器及烘干用的浅盘等。

3）检测步骤

①筛去 5.00mm 以下颗粒，称重 m_1。

②将试样置于容器中，并注入饮用水，使水面高出试样表面，24h 后把水放出，用手碾压泥块，再把试样放在 2.5mm 筛上，用水淘洗，直至水清澈为止。

③保留下来的试样应小心地从筛里取出，装入浅盘后，置于温度为 100～110℃ 烘箱中烘干至恒重，冷却后称重（m_2）

④数据处理与结果判定

泥块含量 $\omega_{c,1}$ 应按式（6-5）计算：

$$\omega_{c,1} = \frac{m_1 - m_2}{m_1} \times 100\% \qquad (6\text{-}5)$$

式中 $\omega_{c,1}$——泥块含量（%）；

m_1——5.00mm 筛的筛余量（g）；

m_2——试验后烘干试样的重量（g）。

以两个试样试验结果的算术平均值作为测定值。如两次差值超过 0.2%，应重新取样进行检测。

（3）石子压碎值检测

1）检测目的

碎石的压碎值试验适用于测定碎石在逐渐增加的荷载下抵抗压碎的能力，是衡量碎石力学性质的指标。

2）仪器设备

①石料压碎指标值测定仪；

②压力机：500kN；

③天平：称量 5kg，感量不大于 5g；

④标准筛：筛孔尺寸 16mm 和 9.5mm 方孔筛各一个。

3）检测步骤

①风干石料，采用 16mm 和 9.5mm 标准筛过筛，取粒径为 9.5～16mm 的试样 3 组各 3000g，供试验使用。如过于潮湿需加热烘干时，烘干温度 100℃，烘干时间不超过 4h。试验前，石料应冷却至室温。

②试筒安放在底板上。

③将要求质量的试样分三次（每次大体相同）均匀装入筒内，每次均将试样表面正平，用金属棒的半球面端在石料表面均匀捣实 25 次。最后用金属棒作为直刮刀将表面仔细整平。

④将装有试样的试筒放在压力机上，同时将加压头放在试筒内的石料面上，注意使压柱摆平，勿楔挤筒壁。

⑤开动压力机，均匀的施加荷载，在 10min 左右的时间内加荷达到 400kN，稳压 5s，然后卸载。

⑥将试筒从压力机上取下，取出试样。

⑦用 2.36mm 筛筛分经压的全部试样，可分几次筛分，均需筛在 1min 内无明显的筛出物为止。

⑧称取 2.36mm 筛的全部颗粒质量（m_1），精确到 1%。

⑨数据处理与结果判定：

按式（6-6）计算石料压碎值，精确到 0.1%。

$$Q'a = \frac{m_1}{m_0} \times 100\% \tag{6-6}$$

式中 $Q'a$——石料压碎值（%）；

m_1——试样通过 2.36mm 筛的全部颗粒的质量（g）；

m_0——试验前试样的质量（g）。

以 3 个试样的平行试验结果的算术平均值作为压碎值。

（4）针状和片状颗粒的总量检测

1）检测目的

测定碎石和卵石中粒径不大于 37.5mm 的针状和片状颗粒的总含量，评定石料质量。

2）仪器设备

①针状规准仪与片状规准仪；

②天平：称量 2kg，感重 2g；称：称量 20kg，感重 20g；

③方孔筛：孔径为 5.00mm，10.00mm，20.00mm，25.00mm，31.50mm，40.00mm，63.00mm，及 80.00mm，根据需要选用；

④卡尺。

3）检测步骤

①试验前，将试样在室内风干至表面干燥，并用四分法缩分至表 6-14 规定的数量，称量（m_0），然后筛分成表 6-15 所规定的粒级备用。

针、片状试验所需的试样最少重量 表 6-14

最大粒径（mm）	10.0	16.0	20.0	25.0	31.5	40.0 以上
试样最少重量（kg）	0.3	1	2	3	5	10

针、片状试验的粒级划分及其相应的规准仪孔宽或间距 表 6-15

粒级（mm）	5～10	10～16	16～20	20～25	25～31.5	31.5～40
片状规准仪上相对应的孔宽	3	5.2	7.2	9	11.3	14.3
针状规准仪上相对应的间距	18	31.2	43.2	54	67.8	85.8

②按表 6-15 所规定的粒级用规准仪逐粒对试样进行鉴定，凡颗粒长度大于针状规准仪上相对应间距者，为针状颗粒。厚度小于片状规准仪上相应孔宽者，为片状颗粒。

③粒径大于 40mm 的碎石或卵石可用卡尺鉴定其针片状颗粒，卡尺卡口的设定宽度应符合表 6-16 的规定。

大于 40mm 粒级颗粒卡尺卡口的设定宽度 表 6-16

粒级（mm）	40～63	63～80
鉴定片状颗粒的卡口宽度	20.6	28.6
鉴定针状颗粒的卡口宽度	123.6	171.6

④称量由各粒级挑出的针状和片状颗粒的总重量（m_1）。

⑤碎石或卵石中针、片状颗粒含量 ω_p 应按式（6-7）计算（精确至 0.1%）：

$$\omega_p = \frac{m_1}{m_0} \times 100\%$$

（6-7）

式中 m_1——试样中所含针、片状颗粒的总重量（g）；

m_0——试样总重量（g）。

【能力测试】

（1）石的必检项目主要包括哪些内容？

（2）碎石和卵石的定义是什么？

模块 7
混凝土外加剂

【模块概述】

在混凝土搅拌之前或拌制过程中加入的，用于改善新拌混凝土或硬化混凝土性能的材料，称为混凝土外加剂，简称外加剂。

混凝土外加剂的使用是近代混凝土技术发展的重要成果，其种类繁多，虽掺量很少，但对混凝土工作性、强度、耐久性、水泥的节约都有明显的改善，常称为混凝土的第五组分。特别是高效能外加剂的使用成为现代高性能混凝土的关键技术，发展和推广使用外加剂具有重要的技术和经济意义。

本单元划分为两个项目：混凝土外加剂的分类、作用和选择，改变混凝土流变性、凝结时间、耐久性和特殊性能的外加剂两个项目。通过本单元的学习，使学生了解的混凝土外加剂的分类、特点和应用；熟悉国家标准及行业标准中对其的技术要求；掌握砖工程中常用的几种外加剂的使用。

【学习目标】

（1）了解外加剂的分类。

（2）了解常用的外加剂。

（3）掌握减水剂、泵送剂、早强剂、缓凝剂。

（4）了解速凝剂、引气剂、防冻剂、膨胀剂。

项目 1　混凝土外加剂的分类和选择

【项目概述】

1. 项目描述

混凝土外加剂是一种在混凝土搅拌之前或拌制过程中加入的，用以改善新拌混凝土和（或）硬化混凝土性能的材料。混凝土外加剂的使用已经有一百多年的历史，最早使用的有 $CaCl_2$、$CaSO_4 \cdot 2H_2O$、CaO 等，都是作为水泥的缓凝剂。以后又开始把木质素磺酸钙使用于混凝土作塑化剂。但真正进入实用阶段是近半个世纪，在我国尤其是近二十年发展较快。由于建筑工程结构和技术的不断发展，对混凝土的性能和生产工艺不断提出新的要求，在混凝土中加入外加剂改善混凝土性能引起了人们的普遍重视。

外加剂的种类很多，按化合物分类，可分为无机外加剂和有机外加剂两大类。按其主要功能分为四大类：调节或改善混凝土拌合物流变性能的外加剂、调节混凝土凝结时间、硬化性能的外加剂、改善混凝土耐久性的外加剂、改善混凝土其他性能指标的外加剂。

2. 检验依据

（1）《混凝土外加剂》GB 8076－2008

（2）《混凝土外加剂匀质性试验方法》GB/T 8077－2012

（3）《普通混凝土拌合物性能试验方法标准》GB/T 50080－2016

（4）《普通混凝土长期性能和耐久性能试验方法标准》GB/T 50082－2009

（5）《混凝土外加剂定义、分类、命名与术语》GB/T 8075－2005

【学习支持】

1. 混凝土外加剂的分类

根据国家标准《混凝土外加剂定义、分类、命名与术语》GB/T 8075－2005 的规定，混凝土外加剂按其主要功能可分为四类。

（1）改善混凝土拌合物流变性能的外加剂。包括各种减水剂和泵送剂等。

（2）调节混凝土凝结时间、硬化性能的外加剂。包括缓凝剂、促凝剂和速凝剂等。

（3）改善混凝土耐久性的外加剂。包括引气剂、阻锈剂、防水剂和矿物外加剂等。

（4）改善混凝土其他性能的外加剂。包括膨胀剂、防冻剂和着色剂等。

混凝土外加剂大部分为化工制品，还有部分为工业副产品和矿物类产品。因其掺量小、作用大，故对掺量（占胶凝材料质量的百分比）、掺配方法和适用范围要严格按产品说明和操作规程执行。

2. 混凝土外加剂的选择与使用

混凝土外加剂的品种很多，他们对混凝土性能各有不同的影响。应根据不同的使用目的，选择适宜的外加剂品种及掺量，并应注意其对混凝土其他性能的影响，使其充分发挥有益的效果，避免副作用。此外，同一种外加剂会因水泥品种不同而有不同的效果，称为"外加剂对水泥的适用性"，选择时应充分注意。使用外加剂时，应预先进行试验。

外加剂掺量虽小，但可对混凝土的性质和功能产生显著影响，在具体应用时要严格按产品说明操作，稍有不慎，便会造成事故，故在使用时应注意以下事项：

（1）产品质量控制及储放

外加剂应由供货单位提供技术文件，包括标明产品主要成分的产品说明书、出厂检验报告及合格证、掺外加剂混凝土性能检验报告。外加剂运到工地（或混凝土搅拌站）

应立即取代表性样品进行检验，进货与工程试配时一致，方可入库、使用。若发现不一致时，应停止使用。

外加剂应按不同供货单位、不同品种、不同牌号分别存放，标识应清楚。粉状外加剂应防止受潮结块，如有结块，经性能检验合格后应粉碎至全部通过 0.65mm 筛后方可使用。液体外加剂应放置阴凉干燥处，防止日晒、受冻、污染、进水或蒸发，如有沉淀等现象，经性能检验合格后方可使用。

（2）对外加剂品种的选择

外加剂品种繁多、性能各异，有的能混用，有的严禁混用，如不注意可能会发生严重事故。选择外加剂应依据现场材料条件、工程特点、环境情况，根据产品说明及有关规定，如《混凝土外加剂应用技术规范》GB 50119-2013 及国家有关环境保护的规定，进行品种的选择。有条件的应在正式使用前进行试验检验。

（3）外加剂掺量的选择

外加剂掺量以胶凝材料总量的百分比表示，或以 mL/kg 胶凝材料表示。

除矿物掺合料外，外加剂一般用量微小，有的外加剂掺量仅几万分之一，而且推荐的掺量往往是在某一范围内，外加剂的掺量和水泥品种、环境温湿度、搅拌条件等有关。掺量的微小变化对混凝土的性质会产生明显影响：掺量过小，作用不显著。掺量过大，有时会物极必反，起反作用，酿成事故。故在大批量使用前要通过基准混凝土（不掺加外加剂的混凝土）与试验混凝土的试验对比，取得实际性能指标的对比后。再确定应采用的掺量。

（4）外加剂的掺入方法

外加剂不论是粉状还是液态状，为保持作用的均匀性，不宜采用直接倒入搅拌机的方法。合适的掺入方法应该是：可溶解的粉状外加剂或液态状外加剂。应预先配成适宜浓度的溶液，再按所需掺量加入拌合水中，与拌合水一起加入搅拌机内。不可溶解的粉状外加剂，应预先称量好，再与适量的水泥、砂拌合均匀，然后倒入搅拌机中。外加剂倒入搅拌机内，要控制好搅拌时间，以满足混合均匀、时间又在允许范围内的要求。

3. 常用的混凝土外加剂

混凝土外加剂是在混凝土搅拌之前和（或）拌制过程中加入的，用以改善新拌混凝土和（或）硬化混凝土性能的材料。

（1）普通减水剂：在混凝土坍落度基本相同的条件下，能减少拌合用水量的外加剂。

（2）泵送剂：能改善混凝土拌合物泵送性能的外加剂。

（3）引气剂：在搅拌混凝土过程中能引入大量均匀分布、稳定而封闭的微小气泡且能保留在硬化混凝土中的外加剂。

（4）缓凝剂：延长混凝土凝结时间的外加剂。

（5）促凝剂：能缩短拌合物凝结时间的外加剂。

（6）速凝剂：能使混凝土迅速凝结硬化的外加剂。

（7）膨胀剂：在混凝土硬化过程中因化学作用能使混凝凝土产生一定体积膨胀的外加剂。

（8）防冻剂：能使混凝土在负温下硬化，并在规定养护条件下达到预期性能的外加剂。

（9）着色剂：能制备具有彩色混凝土的外加剂。

（10）防水剂：能提高砂浆、混凝土抗渗性能的外加剂。

4. 混凝土外加剂的代表量规定，依据《混凝土外加剂》GB 8076–2008 标准的混凝土外加剂：掺量 ≥ 1% 的同品种外加剂每一批号为 100t，掺量 < 1% 的外加剂每一批号为 50t。不足 100t 或 50t 的，可按一个批量计，同一批号的产品必须混合均匀。

【能力测试】

（1）改善混凝土拌合物流变性能的外加剂包括_____和_____。

（2）调节混凝土凝结时间、硬化性能的外加剂，包括_____、_____和_____。

（3）能使混凝土迅速凝结硬化的外加剂是_____。

（4）能使混凝土在负温下硬化，并在规定养护条件下达到预期性能的外加剂属于_____。

项目 2　改变混凝土性能的外加剂

【项目概述】

1. 项目描述

混凝土外加剂是在拌制混凝土过程中加入的用以改善混凝土性能的物质。其掺量不大于水泥质量的 5%（特殊情况除外）。常用改变混凝土流变性、凝结时间、硬化性能、耐久性和特殊性能的外加剂种类。

2. 检验依据

（1）《砂浆、混凝土防水剂》JC 474–2008

（2）《混凝土防冻剂》JC 475–2004

（3）《混凝土膨胀剂》GB 23439–2009

（4）《喷射混凝土用速凝剂》JC 477–2005

（5）《混凝土外加剂应用技术规范》GB 50119–2013

【学习支持】

1. 减水剂

减水剂是指在混凝土坍落度基本相同的条件下，能减少拌和用水量的外加剂。

（1）减水剂的作用机理

减水剂多属于表面活性剂，它的分子结构由亲水基团和憎水基团组成，当两种物质接触时（如水—水泥，水—油，水—气），表面活性剂的亲水基团指向水，憎水基团朝向水泥颗粒（油或气）。减水剂能提高混凝土拌和物的和易性及混凝土强度，是由于其表面活性物质间的吸附-分散作用及其润滑、湿润作用。水泥加水拌合后，由于水泥颗粒间分子引力的作用，产生许多絮状物而形成絮凝结构，使10%～30%的拌合水（游离水）被包裹在其中，从而降低了混凝土拌和物的流动性。当加入适量减水剂后，减水剂分子定向吸附于水泥颗粒表面，亲水基团指向水溶液。由于亲水基团的电离作用，使水泥颗粒表面带上电性相同的电荷，产生静电斥力，致使水泥颗粒相互分散，导致絮凝结构解体，释放出游离水，从而有效地增大了混凝土拌和物的流动性（图7-1）。

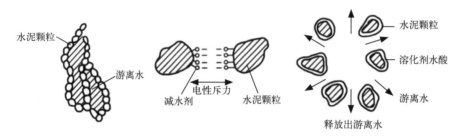

图7-1 减水剂的作用示意

（2）减水剂的常用品种

减水剂是使用最广泛、效果最显著的一种外加剂，按其对混凝土性质的作用及减水效果可分为普通减水剂、高效减水剂、早强减水剂、缓凝减水剂及引气减水剂；按其化学成分可分为木质素系、萘系、水溶树脂系、糖蜜系、腐殖酸系等。

（3）减水剂的经济技术效果

掺减水剂的混凝土与未掺减水剂的基准混凝土相比，具有如下效果。

1）在保证混凝土混合物和易性和水泥用量不变的条件下，可减少用水量，降低水灰比。从而提高混凝土的强度和耐久性。

2）在保持混凝土强度（水灰比不变）和坍落度不变的条件下，可节约水泥用量。

3）在保持水灰比与水泥用量不变的条件下，可大大提高混凝土混合物的流动性，从而方便施工。

4）减水剂现场复试项目pH值、密度（或细度）、减水率合格才能正常使用。

2. 泵送剂

混凝土工程中，可采用有减水剂、缓凝剂和引气剂等复合而成的泵送剂。

泵送剂适用于工业与民用建筑及其他建筑物的泵送施工的混凝土，特别适用于大体积混凝土、高层建筑和超高层建筑，适用于滑模施工等，也适用于水下灌注桩混凝土。

泵送剂运到工地（或混凝土搅拌站）的检验项目应包括pH、密度（或细度），坍落度增加值及坍落度损失。检验符合要求方可入库、使用。

含有水不溶物的粉状泵送剂使用时，应与胶凝材料一起加入搅拌机中。水溶性粉状泵送剂应用水溶解或直接加入搅拌机中，并应延长混凝土搅拌时间30s，液体泵送剂应与拌合水一起加入搅拌机中，溶液中的水应从拌合水中扣除。

泵送剂的品种、掺量应按供货单位提供的推荐掺量和环境温度、泵送高度、泵送距离、运输距离等要求经混凝土试配后确定。

泵送剂现场复试项目密度（或细度）、坍落度增加值、坍落度损失值合格才能正常使用。

3. 早强剂

早强剂（代号 Ac）是指能加速混凝土早期强度发展的外加剂。混凝土工程中采用的早强剂有以下品种：①强电解质无机盐类早强剂：包括硫酸盐、硫酸复盐、硝酸盐、亚硝酸盐、氯盐等；②水溶性有机化合物：三乙醇胺、甲酸盐、乙酸盐、丙酸盐等；③其他：有机化合物、无机盐复合物。混凝土工程中还可采用由早强剂与减水剂复合而成的早强减水剂。

（1）氯盐类早强剂

氯盐类早强剂主要有氯化钙、氯化钠、氯化钾、氯化铝及三氯化铁等，其中以氯化钙应用最广。氯化钙有早强作用主要是因为它能与水泥中的 C_3A 和 $Ca(OH)_2$ 反应，生成不溶性复盐水化氯铝酸钙，促进了 C_3S 和 C_2S 的水化，从而起到早强作用。

氯化钙掺入混凝土中，会增大混凝土收缩；同时，氯离子对钢筋锈蚀有促进作用，因此，在预应力混凝土中禁止使用，在钢筋混凝土中，要按相关规范使用。

（2）硫酸盐类早强剂

硫酸盐类早强剂包括硫酸钠（Na_2SO_4）、硫酸钙（$CaSO_4$）、硫代硫酸钠（$Na_2S_2O_3$）、硫酸钾（K_2SO_4）、硫酸铝 [$Al_2(SO_4)_3$] 等，其中 Na_2SO_4 应用最广。

硫酸盐的早强作用主要是由于其与水泥的水化产物 $Ca(OH)_2$ 反应，生成高分散性的化学石膏，它与 C_3A 的化学反应比外掺石膏的作用快得多，能迅速生成水化硫铝酸钙，增加固相体积，提高早期结构的密实度，同时也会加快水泥的水化速度，从而提高混凝土的早期强度。

硫酸钠的掺量有一最佳值，一般为1%～3%。掺量低时，早强作用不明显；掺量高时，虽然早期强度增长快，但是后期强度损失也大；当混凝土中有活性骨料时，容易引起碱集料反应。

（3）有机胺类早强剂

有机胺类早强剂有三乙醇胺、三异丙醇胺等。最常用的是三乙醇胺，它是一种非离子型表面活性剂，它不改变水化生成物，但能在水泥的水化过程中起"催化作用"，还能提高水化产物的扩散速率，缩短水泥水化过程的潜伏期，提高早期强度。其与其他早强剂复合效果更好。

三乙醇胺掺量较小，一般为 0.02%～0.05%，可使 3d 强度提高 20%～50%，对后期强度影响较小，使抗冻、抗渗等性能有所提高，对钢筋无锈蚀作用，但会增大干缩。

（4）复合早强剂

复合早强剂就是两种或多种不同的早强剂组合在一起形成的早强剂。各种早强剂均有其优点和局限性，采用复合的方法可以发挥优点，克服不足，从而大大拓展应用范围。

常用的复合早强剂有含硫酸盐的复合早强剂、含三乙醇胺的复合早强剂、含三异丙醇胺的复合早强剂等。

掺加复合早强剂，常能获得更显著的早强效果，并对混凝土的许多物理力学性能产生较好的效果。

（5）早强剂现场复试项目密度（或细度）、1d 和 3d 抗压强度比合格才能正常使用。

4. 缓凝剂

缓凝剂（代号 Rc）是指能延缓混凝土的凝结时间并对混凝土的后期强度发展无明显不利影响的外加剂。这类外加剂可分为两类：具有减水效果的称为缓凝减水剂；无减水效果，仅起缓凝作用的称为缓凝剂。

混凝土工程中可采用下列缓凝剂及缓凝减水剂：①糖类，包括糖钙、葡萄糖酸盐等；②木质素磺酸盐类，包括木质素磺酸钙、木质素磺酸钠等；③羟基羧酸及其盐类，包括柠檬酸、酒石酸钾钠等；④无机盐类，包括锌盐、磷酸盐等；⑤其他，包括胺盐及其衍生物、纤维素醚等。还有由缓凝剂与高效减水剂复合而成的缓凝高效减水剂。

缓凝剂、缓凝减水剂及缓凝高效减水剂可用于大体积混凝土、碾压混凝土、炎热气候条件下施工的混凝土、大面积浇筑的混凝土、避免冷缝产生的混凝土、需停放较长时间或长距离运输的混凝土、自流平免振混凝土、滑模施工或拉模施工的混凝土及其他需要延缓凝结时间的混凝土。缓凝高效减水剂可用于制备高强高性能混凝土。

缓凝剂现场复试项目 pH 值、密度（或细度）、凝结时间合格才能正常使用。

5. 速凝剂

速凝剂是指能使混凝土迅速凝结硬化的外加剂。

速凝剂与水泥加水拌和后立即反应，使水泥中的石膏丧失缓凝作用，从而促使 C_3A 迅速水化，快速凝结。速凝剂适宜掺量为 2.5%～4.0%，能使混凝土在 5min 内初凝，10min 内终凝，1h 产生强度，并能提高早期强度，虽 28d 强度比不掺速凝剂时有所降低，但可长期保持稳定值不再下降。

速凝剂主要用于喷射混凝土、堵漏、道路、隧道、机场的修补、抢修工程等。亦可用于需要速凝的其他混凝土。

速凝剂现场复试项目密度（或细度）、凝结时间、1d 抗压强度合格才能正常使用。

6. 引气剂

引气剂（代号 AE）是指在混凝土搅拌过程中能引入大量均匀分布、稳定而封闭的微小气泡，并在硬化后仍能保留这些气泡的外加剂。

（1）引气剂的作用机理

引气剂是表面活性剂，其憎水基团朝向气泡，亲水基团吸附一层水膜，由于引气剂离子对液膜的保护作用，使气泡不易破裂。引入的这些微小气泡（直径为 20～1000μm）在拌合物中均匀分布，能明显地改善混合料的和易性，提高混凝土的耐久性（抗冻性和抗渗性），使混凝土的强度和弹性模量有所降低。

（2）引气剂的品种

混凝土工程中可采用下列引气剂：①松香树脂类，包括松香热聚物、松香皂类等；②跳基和烷基芳烃磺酸盐类，包括十二烷基磺酸盐、烷基苯磺酸盐、烷基苯酚聚氧乙烯醚等；③脂肪醇磺酸盐类，包括脂肪醇聚氧乙烯醚、脂肪醇聚氧乙烯磺酸钠、脂肪醇硫酸钠等；④皂苷类。包括三萜皂苷等；⑤其他，包括蛋白质盐、石油磺酸盐等。混凝土工程中可采用由引气剂与减水剂复合而成的引气减水剂。

（3）引气剂的作用效果

1）改善混凝土拌和物的和易性

引气剂的掺入使混凝土拌和物内形成大量微小的封闭状气泡，这些微气泡如同滚珠一样，减小骨料颗粒间的摩擦阻力，使混凝土拌和物的流动性增强。同时由于水分均匀分布在大量气泡的表面，这就使能自由移动的水量减少，混凝土的泌水量因此减少，而保水性、粘聚性相应提高。

2）降低混凝土弹性模量及强度

由于大量气泡的存在，使混凝土弹性模量有所降低，另外，大量气泡的存在，使混凝土强度有所降低。因此，对引气剂的掺量应严格控制，可以通过测试混凝土的含气量、施工性能和相关的强度确定最佳添加量。

3）提高混凝土的抗渗性、抗冻性

大量均匀分布的封闭气泡一方面堵塞或隔断了混凝土中的毛细管渗水通道，改变了混凝土的孔结构，使混凝土抗渗性得到提高，另一方面具有缓解水分结冰产生的膨胀应力的作用，从而提高了混凝土的抗冻性。

引气剂适用于受到冻融等作用的混凝土，骨料质量差、泌水严重的混凝土及泵送混凝土、防渗混凝土、水工混凝土、港工混凝土和大体积混凝土，但不适用于蒸养混凝土和高强混凝土。

4）引气剂现场复试项目 pH 值、密度（或细度）、含气量合格才能正常使用。

7. 防冻剂

防冻剂是指在规定温度下能显著降低混凝土的冰点，使混凝土液相不冻结或仅部分冻结，以保证水泥的水化作用，并在一定时间内获得预期强度的外加剂。防冻剂常由防冻组分、早强组分、减水组分和引气组分组成，形成复合防冻剂。其中防冻组分有以下几种：亚硝酸钠和亚硝酸钙（兼有早强，阻锈功能），掺量 1% ~ 8%，氯化钙和氯化钠，掺量为 0.5% ~ 1.0%；尿素，掺量不大于 4%。碳酸钾，掺量不大于 10%。某些防冻剂（如尿素）掺量过多时，混凝土会缓慢向外释放对人产生刺激的气体，如氨气等，使竣工后的建筑室内有害气体含量超标。对于此类防冻剂要严格控制其掺量，并要依有关规定进行检测。

防冻剂现场复试项目钢筋锈蚀、密度（或细度）、抗压强度比合格才能正常使用。

8. 膨胀剂

膨胀剂是能使混凝土（砂浆）在水化过程中产生一定的体积膨胀，并在有约束的条件下产生适宜自应力的外加剂。它可补偿混凝土的收缩，提高抗裂性、抗渗性，掺量较大时可在钢筋混凝土中产生自应力。膨胀剂常用的品种有硫铝酸钙类（如明矾石膨胀剂）、氧化镁类（如氧化镁膨胀剂）、复合类（如氧化钙-硫铝酸钙膨胀剂）等。膨胀剂主要应用于屋面刚性防水、地下防水、基础后浇缝、堵漏、底座灌浆、梁柱接头及自应力混凝土。

膨胀剂现场复试项目限制膨胀率合格才能正常使用。

【任务实施】

减水剂作用的直观认知

在此活动中，你将直接观察、感知减水剂对混凝土拌合物工作性的影响，了解外加剂可使混凝土性能发生明显变化。通过此学习活动，可提高你对外加剂在近代混凝土应用技术发展中关键作用的认知。

完成此活动需要花费 20min。

步骤1：在试验室内按一般配合比拌合充满坍落度筒 2 次的混凝土试样，试样黏稠一些，坍落度控制为 10 ~ 20mm 为好。然后准备分置的适量高效减水剂溶液和等量的净水。现按标准程序将 2 个坍落度筒同时充满混凝土拌合物，提起筒后，将高效减水剂溶液和净水分别洒浇在两个混凝土试样上，观察其发生的变化。

步骤2：测定两个试样的坍落度，以认知减水剂增加流动性的作用效果。

思考：

1. 在其他条件不变的前提下，掺加该高效减水剂，可明显提高拌合混凝土的流动性。

2. 复述并解释在流动性、凝胶材料用量不变和保持强度不变、流动性不变的前提下，掺加减水剂可达到的技术经济效果。

【能力测试】

(1) 夏季混凝土施工时，应首先考虑加入的外加剂是（　　）。

A. 引气剂　　　　B. 缓凝剂　　　　C. 减水剂　　　　D. 速凝剂

(2) 大体积混凝土工程常用的外加剂是（　　）。

A. 引气剂　　　　B. 缓凝剂　　　　C. 减水剂　　　　D. 速凝剂

(3) 喷射混凝土必须加入的外加剂是（　　）。

A. 早强剂　　　　B. 减水剂　　　　C. 引气剂　　　　D. 速凝剂

(4) 冬季混凝土施工时，首先应考虑加入的外加剂是（　　）。

A. 早强剂　　　　B. 减水剂　　　　C. 引气剂　　　　D. 速凝剂

模块 8

混凝土

【模块概述】

　　混凝土是以胶凝材料、粗骨料、细骨料、水为主要原料，必要时加入外加剂或矿物掺合料，按一定比例混合，经均匀搅拌、密实成型和养护硬化而形成的人工石材。由于配制混凝土的原料来源丰富，价格低廉，生产工艺简单等特点，使混凝土在建筑行业中的用量越来越大。本模块主要划分为 3 个项目，即：混凝土初步配合比计算、混凝土和易性检验及配合比确定、混凝土强度和耐久性。

【学习目标】

（1）了解混凝土的分类与特点。

（2）理解新拌混凝土的和易性、混凝土的强度和耐久性。

（3）理解普通混凝土配合比设计方法。

（4）了解混凝土的质量控制方法。

（5）掌握混凝土试块强度试验。

（6）了解抗渗混凝土试验。

项目 1　混凝土初步配合比计算

【项目概述】

1. 项目描述

　　混凝土是现代土木工程行业中不可缺少的重要的工程材料，我们所见到的建筑基本都是以混凝土结构为主体，如图 8-1、图 8-2 所示。可见混凝土在建筑行业中的地位和作用，但是什么是混凝土，混凝土有哪些种类，混凝土是怎么拌制出来的呢？所以本项目就是要解决以上疑惑，主要包括以下三个方面的内容：

（1）了解混凝土基本概念；

（2）了解混凝土的分类与特点；

（3）理解普通混凝土初步配合比计算方法。

图 8-1　某高架立交桥　　　　　图 8-2　某建筑工地

2. 检验依据

（1）《混凝土结构设计规范》GB 50010-2010

（2）《普通混凝土配合比设计规程》JGJ 55-2011

（3）《通用硅酸盐水泥》国家标准第 1 号修改单 GB 175-2007/XG1-2009

（4）《水泥胶砂强度检验方法（ISO 法）》GB/T 17671-1999

（5）《水泥密度测定方法》GB/T 208-2014

（6）《普通混凝土用砂、石质量及检验方法标准》JGJ 52-2006

（7）《混凝土用水标准》JGJ 63-2006

（8）《生活饮用水卫生标准》GB 5749-2006

（9）《混凝土试模》JG 237-2008

【学习支持】

1. 混凝土的概念

混凝土是以胶凝材料、粗骨料、细骨料、水为主要原料，必要时加入外加剂或矿物掺合料，按一定比例混合，经均匀搅拌、密实成型和养护硬化而形成的人工石材。其中用途最大、用量最广的是以水泥为胶凝材料的水泥混凝土。水泥混凝土的种类有很多，在建筑工程行业里主要使用的混凝土为以下几种：

（1）普通混凝土：干表观密度为 2000 ~ 2800kg/m³ 的水泥混凝土。

（2）干硬性混凝土：拌合物坍落度小于 10mm 且须用维勃稠度（S）表示其稠度的混凝土。

（3）塑性混凝土：拌合物坍落度为 10 ~ 90mm 的混凝土。

（4）流动性混凝土：拌合物坍落度为 100 ~ 150mm 的混凝土。

（5）大流动性混凝土：拌合物坍落度不小于 160mm 的混凝土。

（6）抗渗混凝土：抗渗等级不低于 P6 的混凝土。

（7）抗冻混凝土：抗冻等级不低于 F50 的混凝土。

（8）高强混凝土：强度等级不小于 C60 的混凝土。

（9）泵送混凝土：可在施工现场通过压力泵及输送管道进行浇筑的混凝土。

（10）大体积混凝土：体积较大的、可能由胶凝材料水化热引起的温度应力导致有害裂缝的结构混凝土。

其中，普通混凝土是指用水泥、粗骨料（碎石或卵石）、细骨料（砂）、水按一定比例配合搅拌硬化而成，以下简称混凝土。混凝土原材料的不同，比例的不同对混凝土的一系列性质的影响也不同。在之前模块中我们已经学习了关于水泥、砂石等原材料的性质，这里就不再多做介绍，下面我们来学习混凝土配合比是怎么设计的，也就是混凝土中各种材料的比例是怎么确定的。

混凝土配合比设计的目的：是通过对混凝土各组分材料的比例计算，以使混凝土满足工程设计和施工要求的和易性、强度等级和耐久性等要求，保证混凝土质量和经济合理。

2. 混凝土的初步配合比计算

（1）混凝土强度

立方体抗压强度（标准试件：150mm×150mm×150mm 立方体）是混凝土结构设计的主要依据，也是工程施工中控制和评定混凝土质量的主要指标之一。

混凝土的强度等级按立方体抗压强度标准值划分等级，划分为：C15、C20、C25、C30、C35、C40、C45、C50、C55、C60、C65、C70、C75、C80 十四个等级。其中 C 代表 concrete，C 后面的数值为立方体抗压强度的标准值（单位：MPa），例如：C30 表示混凝土立方体抗压强度标准值 $f_{cu,k}$=30MPa。

（2）混凝土配制强度的确定

1）混凝土配制强度应按下列规定确定：

①当混凝土的设计强度等级小于 C60 时，配制强度应按式（8-1）计算：

$$f_{cu,0} \geqslant f_{cu,k} + 1.645\sigma \tag{8-1}$$

式中 $f_{cu,0}$——混凝土配制强度（MPa）；

$f_{cu,k}$——混凝土立方体抗压强度标准值，这里取设计混凝土强度等级值（MPa）；

σ——混凝土强度标准差（MPa）。

②当设计强度等级大于或等于 C60 时，配制强度应按式（8-2）计算：

$$f_{cu,0} \geqslant 1.15 f_{cu,k} \tag{8-2}$$

2）混凝土强度标准差应按照下列规定确定：

①当具有近 1～3 个月的同一品种、同一强度等级混凝土的强度资料时，其混凝土强度标准差 σ 应按式（8-3）计算：

$$\sigma = \sqrt{\dfrac{\sum\limits_{i=1}^{n} f_{cu,i}^2 - n m_{fcu}^2}{n-1}} \tag{8-3}$$

式中 $f_{cu,i}$——第 i 组的试件强度（MPa）；

  m_{fcu}——n 组试件的强度平均值（MPa）；

  n——试件组数，n 值应大于或者等于30。

  对于强度等级不大于C30的混凝土：当 σ 计算值不小于 3.0MPa 时，应按照计算结果取值；当 σ 计算值小于 3.0MPa 时，σ 应取 3.0MPa。对于强度等级大于C30且不大于C60的混凝土：当 σ 计算值不小于 4.0MPa 时，应按照计算结果取值；当 σ 计算值小于 4.0MPa 时，σ 应取 4.0MPa。

  ②当没有近期的同一品种、同一强度等级混凝土强度资料时，其强度标准差 σ 可按表 8-1 取值。

标准差 σ 值（MPa） 表 8-1

混凝土强度标准值	≤ C20	C25 ~ C45	C50 ~ C55
σ	4.0	5.0	6.0

（3）混凝土配合比计算

1）水胶比

混凝土强度等级不大于C60等级时，混凝土水胶比宜按式（8-4）计算：

$$W/B=\frac{\alpha_a-f_b}{f_{cu,a}+\alpha_a\cdot\alpha_b\cdot f_b} \tag{8-4}$$

式中 α_a、α_b——回归系数，当粗骨料为碎石时，α_a=0.53、α_b=0.20；当粗骨料为卵石时，α_a=0.49、α_b=0.13；

  f_b——胶凝材料（水泥与矿物掺合料按使用比例混合）28d 胶砂强度（MPa），试验方法应按现行国家标准《水泥胶砂强度检验方法（ISO法）》GB/T 17671-1999 执行；当无实测值时，可按下列规定确定：

①根据 3d 胶砂强度或快测强度推定 28d 胶砂强度关系式推定 f_b 值；

②当矿物掺合料为粉煤灰和粒化高炉矿渣粉时，可按式（8-5）推算 f_b 值：

$$f_b=\gamma_f\cdot\gamma_s\cdot f_{ce} \tag{8-5}$$

式中 γ_f、γ_s——粉煤灰影响系数和粒化高炉矿渣粉影响系数，可按表 8-2 选用；

  f_{ce}——水泥强度等级值（MPa）。

粉煤灰影响系数 γ_f 和粒化高炉矿渣粉影响系数 γ_s 表 8-2

种类 掺量（%）	粉煤灰影响系数 γ_f	粒化高炉矿渣粉影响系数 γ_s
0	1.00	1.00
10	0.85 ~ 0.95	1.00

续表

种类 掺量（%）	粉煤灰影响系数γ_f	粒化高炉矿渣粉影响系数γ_s
20	0.75 ~ 0.85	0.95 ~ 1.00
30	0.65 ~ 0.75	0.90 ~ 1.00
40	0.55 ~ 0.65	0.80 ~ 0.90
50	—	0.70 ~ 0.85

注：①采用 I 级、II 级灰宜取上限值；

②采用 S75 级粒化高炉矿渣粉宜取下限值，采用 S95 级粒化高炉矿渣粉宜取上限值，采用 S105 级粒高炉矿渣粉可取上限值加 0.05；

③当超出表中的掺量时，粉煤灰和粒化高炉矿渣粉影响系数应经试验确定。

当水泥 28d 胶砂抗压强度（f_{ce}）无实测值时，可按式（8-6）计算：

$$f_{ce}=Y_c f_{ce,g} \tag{8-6}$$

式中 Y_c——水泥强度等级的富余系数，可按实际统计资料确定；当缺乏实际统计资料时，按表 8-3 选用；

$f_{ce,g}$——水泥强度等级值（MPa）。

水泥强度等级值的富余系数（Y_c）   表 8-3

水泥强度等级值	32.5	42.5	52.5
富余系数	1.12	1.16	1.10

2）用水量和外加剂用量

①每立方米干硬性或塑性混凝土的用水量（m_{wo}）应符合下列规定：

A. 混凝土水胶比在 0.40 ~ 0.80 范围时，可按表 8-4 和表 8-5 选取；

B. 混凝土水胶比小于 0.40 时，可通过试验确定。

干硬性混凝土的用水量（kg/m³）   表 8-4

拌合物稠度		卵石最大公称粒径（mm）			碎石最大粒径（mm）		
项目	指标	10.0	20.0	40.0	16.0	20.0	40.0
维勃稠度（S）	16 ~ 20	175	160	145	180	170	155
	11 ~ 15	180	165	150	185	175	160
	5 ~ 10	185	170	155	190	180	165

塑性混凝土的用水量（kg/m³）　　　　　　　　　　表 8-5

拌合物稠度		卵石最大粒径（mm）				碎石最大粒径（mm）			
项目	指标	10.0	20.0	31.5	40.0	16.0	20.0	31.5	40.0
坍落度（mm）	10 ~ 30	190	170	160	150	200	185	175	165
	35 ~ 50	200	180	170	160	210	195	185	175
	55 ~ 70	210	190	180	170	220	205	195	185
	75 ~ 90	215	195	185	175	230	215	205	195

注：1. 本表用水量系采用中砂时的取值。采用细砂时，每立方米混凝土用水量可增加 5 ~ 10kg；采用粗砂时，可减少 5 ~ 10kg；
　　2. 掺用矿物掺合料和外加剂时，用水量应相应调整。

②每立方米流动性或大流动性混凝土的用水量（m_{wo}）可按式（8-7）计算：

$$m_{wo}=m_{wo'}（1-\beta）\tag{8-7}$$

式中 $m_{wo'}$——满足实际坍落度要求的每立方米混凝土用水量（kg），以表 8-5 中 90mm 坍落度的用水量为基础，按每增大 20mm 坍落度相应增加 5kg 用水量来计算；

　　　　β——外加剂的减水率（%），应经混凝土试验确定。

③每立方米混凝土中外加剂用量应按下式计算：

$$m_{ao}=m_{bo}\beta_a\tag{8-8}$$

式中 m_{ao}——每立方米混凝土中外加剂用量（kg）；

　　　　m_{bo}——每立方米混凝土中胶凝材料用量（kg）；

　　　　β_a——外加剂掺量（%），应经混凝土试验确定。

（4）胶凝材料、矿物掺合料和水泥用量

1）每立方米混凝土的胶凝材料用量（m_{bo}）应按式（8-9）计算：

$$m_{bo}=\frac{m_{wo}}{W/B}\tag{8-9}$$

2）每立方米混凝土的矿物掺合料用量（m_{fo}）计算应符合下列规定：

①按《普通混凝土配合比设计规程》JGJ 55–2011 中规定符合强度要求的矿物掺合料掺量 β_f；

②矿物掺合料用量（m_{fo}）应按式（8-10）计算：

$$m_{fo}=m_{bo}\beta_f\tag{8-10}$$

式中 m_{fo}——每立方米混凝土中矿物掺合料用量（kg）；

　　　　β_f——计算水胶比过程中确定的矿物掺合料掺量（%）。

3）每立方米混凝土的水泥用量（m_{co}）应按式（8-11）计算：

$$m_{co}=m_{bo}-m_{fo} \tag{8-11}$$

式中 m_{co}——每立方米混凝土中水泥用量（kg）。

（5）砂率

1）当无历史资料可参考时，混凝土砂率的确定应符合下列规定：

①坍落度小于 10mm 的混凝土，其砂率应经试验确定。

②坍落度为 10 ~ 60mm 的混凝土砂率，可根据粗骨料品种、最大公称粒径及水灰比按表 8-6 选取。

③坍落度大于 60mm 的混凝土砂率，可经试验确定，也可在表 8-6 的基础上，按坍落度每增大 20mm、砂率增大 1% 的幅度予以调整。

混凝土的砂率（%）　　　　　　　　　　表 8-6

水胶比（W/B）	卵石最大公称粒径（mm）			碎石最大粒径（mm）		
	10.0	20.0	40.0	16.0	20.0	40.0
0.40	26 ~ 32	25 ~ 31	24 ~ 30	30 ~ 35	29 ~ 34	27 ~ 32
0.50	30 ~ 35	29 ~ 34	28 ~ 33	33 ~ 38	32 ~ 37	30 ~ 35
0.60	33 ~ 38	32 ~ 37	31 ~ 36	36 ~ 41	35 ~ 40	33 ~ 38
0.70	36 ~ 41	35 ~ 40	34 ~ 39	39 ~ 44	38 ~ 43	36 ~ 41

注：1. 本表数值系中砂的选用砂率，对细砂或粗砂，可相应地减少或增大砂率；

2. 采用人工砂配制混凝土时，砂率可适当增大；

3. 只用一个单粒级粗骨料配制混凝土时，砂率应适当增大。

（6）粗、细骨料用量

1）采用质量法计算粗、细骨料用量时，应按下列公式计算：

$$m_{fo}+m_{co}+m_{go}+m_{so}+m_{wo}=m_{cp} \tag{8-12}$$

$$\beta_s = \frac{m_{so}}{m_{go}+m_{so}} \times 100\% \tag{8-13}$$

式中 m_{go}——每立方米混凝土的粗骨料用量（kg）；

m_{so}——每立方米混凝土的细骨料用量（kg）；

m_{wo}——每立方米混凝土的用水量（kg）；

β_s——砂率（%）；

m_{cp}——每立方米混凝土拌合物的假定质量（kg），可取 2350 ~ 2450kg。

2）采用体积法计算粗、细骨料用量时，应按下列公式计算：

$$\frac{m_{co}}{\rho_c}+\frac{m_{fo}}{\rho_f}+\frac{m_{go}}{\rho_g}+\frac{m_{so}}{\rho_s}+\frac{m_{wo}}{\rho_w}+0.01\alpha=1 \tag{8-14}$$

$$\beta_s=\frac{m_{so}}{m_{go}+m_{so}}\times100\% \tag{8-15}$$

式中 ρ_c——水泥密度（kg/m³），应按《水泥密度测定方法》GB/T 208-2014 测定，也可取 2900 ~ 3100kg/m³；

ρ_f——矿物掺合料密度（kg/m³），可按《水泥密度测定方法》GB/T 208-2014 测定；

ρ_g——粗骨料的表观密度（kg/m³），应按现行行业标准《普通混凝土用砂、石质量及检验方法标准》JGJ 52-2006 测定；

ρ_s——细骨料的表观密度（kg/m³），应按现行行业标准《普通混凝土用砂、石质量及检验方法标准》JGJ 52-2006 测定；

ρ_w——水的密度（kg/m³），可取 1000kg/m³；

α——混凝土的含气量百分数，在不使用引气型外加剂时，α 可取为1。

【任务实施】

混凝土初步配合比设计例题

1. 设计要求

某建筑工程钢筋混凝土梁，混凝土设计强度等级为 C30，坍落度 55 ~ 70mm，采用普通硅酸盐水泥，实测强度为 46MPa；粗骨料为 5 ~ 20 的连续粒级的碎石，细骨料为河砂，μ_f=2.7；水为自来水；采用机械拌合、机械振捣。施工单位施工水平优良。

2. 设计步骤

（1）计算配制强度：σ =5.0MPa

$$f_{cu,o}=f_{cu,k}+1.645\sigma=30+1.645\times5=38.23MPa$$

（2）计算水胶比：取 α_a=0.53、α_b=0.20，f_{ce}=46MPa

$$W/B=\frac{\alpha_a\cdot f_b}{f_{cu,a}+\alpha_a\cdot\alpha_b\cdot f_b}=\frac{0.53\times46}{38.23+0.53\times0.20\times46}=0.57$$

（3）确定用水量

查表，m_{wo}=205kg

（4）计算水泥用量

$$m_{co}=\frac{m_{wo}}{\frac{W}{B}}=\frac{205}{0.57}=360kg$$

（5）确定砂率

查表，取 β_s=38%

（6）计算砂、石用量

采用质量法，计算方法如下：

$$m_{co}+m_{so}+m_{go}+m_{wo}=m_{cp}$$

$$\beta_s = \frac{m_{so}}{m_{go}+m_{so}} \times 100\% \quad 取 m_{cp}=2450kg/m^3$$

即：

$$m_{so}+m_{go}=m_{cp}-m_{co}-m_{wo}=2450-360-205=1885kg$$

$$m_{so}=\beta_s \cdot (m_{so}+m_{go})=0.38 \times 1885=716kg$$

$$m_{go}=1885-716=1169kg$$

（7）计算初步配合比

$$m_{co}：m_{so}：m_{go}：m_{wo}=360：716：1169：205$$

或

$$m_{co}：m_{so}：m_{go}=360：716：1169=1：1.99：3.25$$
$$\frac{W}{B}=0.57$$

【知识拓展】

1. 混凝土用水

（1）混凝土用水（water for concrete）混凝土拌合用水和混凝土养护用水的总称，包括：饮用水、地表水、地下水、再生水、混凝土企业设备洗刷水和海水等。

（2）技术要求

1）混凝土拌合用水水质要求应符合表 8-7。

混凝土拌合用水水质要求   表 8-7

项目	预应力混凝土	钢筋混凝土	素混凝土
pH 值	≥ 5.0	≥ 4.5	≥ 4.5
不溶物（mg/L）	≤ 2000	≤ 2000	≤ 5000
可溶物（mg/L）	≤ 2000	≤ 5000	≤ 10000
Cl^-（mg/L）	≤ 500	≤ 1000	≤ 3500
SO_4^{2-}（mg/L）	≤ 600	≤ 2000	≤ 2700
碱含量（rag/L）	≤ 1500	≤ 1500	≤ 1500

注：碱含量按 $Na_2O+0.658K_2O$ 计算值来表示。采用非碱活性骨料时，可不检验碱含量。

2）地表水、地下水、再生水的放射性应符合现行国家标准《生活饮用水卫生标准》GB 5749 的规定。

3）被检验水样应与饮用水样进行水泥凝结时间对比试验。对比试验的水泥初凝时间差及终凝时间差均不应大于30min；同时，初凝和终凝时间应符合现行国家标准的规定。

4）被检验水样应与饮用水样进行水泥胶砂强度对比试验，被检验水样配制的水泥胶砂3d和28d强度不应低于饮用水配制的水泥胶砂3d和28d强度的90%。

5）混凝土拌合用水不应有漂浮明显的油脂和泡沫，不应有明显的颜色和异味。混凝土企业设备洗刷水不宜用于预应力混凝土、装饰混凝土、加气混凝土和暴露于腐蚀环境的混凝土；不得用于使用碱活性或潜在碱活性骨料的混凝土。

6）未经处理的海水严禁用于钢筋混凝土和预应力混凝土。

7）在无法获得水源的情况下，海水可用于素混凝土，但不宜用于装饰混凝土。

2. 混凝土试模

（1）混凝土立方体抗压强度用试件的尺寸有100mm×100mm×100mm、150mm×150mm×150mm、200mm×200mm×200mm三种，其中150mm×150mm×150mm为混凝土立方体抗压强度的标准试件尺寸，当采用100mm×100mm×100mm和200mm×200mm×200mm的试件测混凝土标准立方体强度时，需乘以0.95和1.05的系数。

（2）混凝土试模一般采用铸铁或铸钢试模和塑料试模，如图8-3、图8-4所示。

图8-3　铸铁或铸钢试模

图8-4　塑料试模

试模应符合标准JG 237-2008混凝土试模的相关尺寸的要求，同时该标准规定混凝土试模不应有变形或破坏，外表面应光洁、无毛刺、无粘砂、无伤痕等瑕疵，内表面应光滑平整，不应有砂眼、裂纹及划伤等。

【能力测试】

测试题目：以各试验室实际提供的材料为基础，由任课老师确定混凝土强度等级和混凝土施工要求，设计混凝土初步配合比计算要求，让各小组根据本项目所学内容，采用质量法完成混凝土初步配合比的计算。

成果要求：计算出试配强度、水胶比、选择用水量和砂率，混凝土单位体积质量采用2450kg/m³，计算出每立方混凝土各材料的用量，写出混凝土初步配合比。

项目 2　混凝土和易性检验及配合比确定

【项目概述】

1. 项目描述

经过项目 1 计算得出的混凝土配合比为混凝土初步配合比，由于不能确定其是否满足工程质量要求和施工要求，不能直接用于工程，需要先进行试配、试拌，通过一定的试验方法检验拌合物的和易性。当拌合物的和易性符合工程质量要求和施工要求时，则该混凝土配合比确定为基准配合比；反之，如果拌合物的和易性不能满足工程质量要求和施工要求时，则应在保证水灰比不变的前提下，调整用水量或砂率，使和易性满足要求，此时的混凝土配合比确定为基准配合比。

本项目的主要内容：

（1）学习混凝土和易性的相关知识和试验方法；

（2）按初步配合比试配试拌混凝土，并通过混凝土和易性试验确定混凝土的基准配合比和配制强度对应的水灰比，确定试验室配合比和施工配合比。

2. 检验依据

（1）《普通混凝土配合比设计规程》JGJ 55－2011

（2）《普通混凝土拌合物性能试验方法标准》GB/T 50080－2016

（3）《混凝土坍落度仪》JG/T 248－2009

（4）《混凝土试验用搅拌机》JG 244－2009

（5）《混凝土试验用振动台》JG/T 245－2009

（6）《早期推定混凝土强度试验方法标准》JGJ/T 15－2008

（7）《混凝土结构工程施工质量验收规范》GB 50204－2015

【学习支持】

1. 混凝土的和易性

（1）和易性的概念

混凝土的和易性，也是混凝土的工作性，是指混凝土保持其组分均匀，适于施工操作，并且能获得均匀密实的混凝土的性能。和易性是一项综合性指标，包括：流动性、粘聚性和保水性三个方面。

流动性，是指混凝土拌合物的稀稠程度。流动性的大小，主要取决于混凝土的用水量及各材料之间的用量比例。流动性好的拌合物，施工操作方便，易于浇捣成型。

黏聚性，是指混凝土各组分之间具有一定的粘聚力，并保持整体均匀混合的性质。拌合物的均匀性一旦受到破坏，就会产生各组分的分层、离析现象。将使混凝土在硬化后，产生蜂窝、麻面等缺陷，影响混凝土的强度和耐久性。

保水性，是指混凝土拌合物保持水分不易析出的能力。

若保水性差的拌合物，在运输、浇捣中，易产生泌水并聚集到混凝土表面，引起表面疏松，或聚集在骨料、钢筋下面，水分蒸发形成孔隙，削弱骨料或钢筋与水泥石的粘结力，影响混凝土的质量。拌合物的泌水尤其是对大流动性的泵送混凝土更为重要，在混凝土的施工过程中泌水过多，会使混凝土丧失流动性，从而严重影响混凝土可泵性和工作性，会给工程质量造成严重后果。

试验室和易性的检测如图 8-5 所示，施工现场和易性的检测如图 8-6 所示。

图 8-5 试验室和易性的检测　　　　图 8-6 施工现场和易性的检测

（2）和易性的指标

目前，和易性的指标多以坍落度表示。坍落度方法是测定拌合物的流动性，并辅以直观经验评定黏聚性和保水性。将拌合物按规定的方法装入坍落度测定筒内，捣实抹平后把筒提起，量出试料坍落的尺寸（mm）就叫作坍落度。坍落度越大表示拌合物流动性越大。按坍落度的不同可将混凝土拌合物分为：干硬性混凝土（坍落度为 0 ~ 10mm）、塑性混凝土（坍落度为 10 ~ 90mm）、流态混凝土（坍落度为 100 ~ 150mm）、大流动性混凝土（坍落度 > 160mm）。

坍落度试验适合于最大粒径不大于 40mm，坍落度值不小于 10mm 的混凝土拌合物。做坍落度试验的时候，应同时观察混凝土拌合物粘聚性、保水性，以便全面地评定混凝土拌合物的和易性。坍落度试验步骤如下：

1）坍落度筒内壁和底板应润湿无明水；底板应放置在坚实水平面上，并把坍落度筒放在底板中心，然后用脚踩住两边的脚踏板，坍落度筒在装料时应保持在固定的位置。

2）混凝土拌合物试样应分三层均匀地装入坍落度筒内，每装一层混凝土拌合物，应用捣棒由边缘到中心按螺旋形均匀插捣 25 次，捣实后每层混凝土拌合物试样高度约为筒高的三分之一。

3）插捣底层时，捣棒应贯穿整个深度，插捣第二层和顶层时，捣棒应插透本层至下一层的表面。

4）顶层混凝土拌合物装料应高出筒口，插捣过程中，混凝土拌合物低于筒口时，应随时添加。

5）顶层插捣完后，取下装料漏斗，应将多余混凝土拌合物刮去，并沿筒口抹平。

6）清除筒边底板上的混凝土后，应垂直平稳地提起坍落度筒，并轻放于试样旁边；当试样不再继续坍落或坍落时间达 30s 时，用钢尺测量出筒高与坍落后混凝土试体最高点之间的高度差，作为该混凝土拌合物的坍落度值。

7）坍落度筒的提离过程宜控制在 3 ~ 7s；从开始装料到提坍落筒的整个过程应连续进行，并应在 150s 内完成。

8）将坍落度筒提起后混凝土发生一边崩坍或剪坏现象时，应重新取样另行测定；第二次试验仍出现一边崩坍或剪坏现象，应予记录说明。

9）混凝土拌合物坍落度值测量应精确至 1mm，结果应修约至 5mm。

坍落度试验如图 8-7、图 8-8 所示。

观察坍落后的混凝土试体的黏聚性及保水性。黏聚性的检查方法是用捣棒在已坍落的混凝土锥体侧面轻轻敲打，此时如果锥体逐渐下沉，则表示黏聚性良好，如果锥体倒塌、部分崩裂或出现离析现象，则表示黏聚性不好。保水性以混凝土拌合物稀浆析出的程度来评定，坍落度筒提起后如有较多的稀浆从底部析出，锥体部分的混凝土也因失浆而骨料外露，则表明此混凝土拌合物的保水性能不好；如坍落度筒提起后无稀浆或仅有少量稀浆自底部析出，则表示此混凝土拌合物保水性良好。

图 8-7　坍落筒

图 8-8　坍落度试验

如果发现粗骨料在中央集堆或边缘有水泥浆析出，表示此混凝土拌合物抗离析性不好，应予记录。

混凝土拌合物坍落度和坍落扩展度值以毫米为单位，测量精确至 1mm，结果表达修约至 5mm。

（3）坍落度的选择

混凝土拌合物的坍落度要根据施工条件（搅拌、运输、振捣能力和方式）、结构物的类型（截面尺寸、配筋疏密）等，选用最适宜的数值。按《混凝土结构工程施工质量验收规范》GB 50204-2015 的规定，混凝土灌筑时的坍落度宜根据表 8-8 选用。

混凝土灌注时坍落度选用表　　　　　　　　表 8-8

项目	结构种类	坍落度（mm）
1	基础或地面等的垫层、无筋的厚大结构或配筋稀疏的结构构件	10 ~ 30
2	板、梁和大型及中型截面的柱子等	30 ~ 50
3	配筋密列的结构（薄壁、筒仓、细柱等）	50 ~ 70
4	配筋特密的结构	70 ~ 90

表 8-8 是采用机械振捣的坍落度，采用人工振捣时可适当增大；需配大坍落度混凝土时，应适当掺入外加剂；泵送混凝土的坍落度宜为 80 ~ 180mm。

2. 混凝土配合比的试配、调整与确定

在试验室制备混凝土拌合物时，拌和时试验室的温度应保持在 20 ± 5℃，所用材料的温度应与试验室温度保持一致。

（1）试配

1）混凝土试配应采用强制式搅拌机，搅拌机应符合《混凝土试验用搅拌机》JG 244-2009 的规定，并宜与施工采用的搅拌方法相同。

2）试验室成型条件应符合现行国家标准《普通混凝土拌合物性能试验方法标准》GB/T 50080-2002 的规定。

3）每盘混凝土试配的最小搅拌量应符合表 8-9 的规定，并不应小于搅拌机额定搅拌量的 1/4。

混凝土试配的最小搅拌量　　　　　　　　表 8-9

粗骨料最大公称粒径（mm）	最小搅拌的拌合物量（L）
≤ 31.5	20
40.0	25

4）应在计算配合比的基础上进行试拌。宜在水胶比不变、胶凝材料用量和外加剂用量合理的原则下调整胶凝材料用量、外加剂用量和砂率等，直到混凝土拌合物性能符合设计和施工要求，然后提出试拌配合比。

5）应在试拌配合比的基础上，进行混凝土强度试验，并应符合下列规定：

①应至少采用三个不同的配合比。当采用三个不同的配合比时，其中一个应为满足和易性要求的初步配合比或者初步配合比经调整满足和易性要求后的配合比为试拌配合比，另外两个配合比的水胶比宜较试拌配合比分别增加和减少 0.05，用水量应与试拌配合比相同，砂率可分别增加和减少 1%。

②进行混凝土强度试验时，应继续保持拌合物性能符合设计和施工要求，并检验其坍落度或维勃稠度、黏聚性、保水性及表观密度等，作为相应配合比的混凝土拌合物性能指标。

③进行混凝土强度试验时，每种配合比至少应制作一组试件，标准养护到 28d 或设计强度要求的龄期时试压；也可同时多制作几组试件，按《早期推定混凝土强度试验方法标准》JGJ/T 15－2008 早期推定混凝土强度，用于配合比调整，但最终应满足标准养护 28d 或设计规定龄期的强度要求。

（2）配合比的调整与确定

1）配合比调整应符合下述规定：

①根据三组不同配合比的混凝土强度试验结果，绘制强度和胶水比的线性关系图，用图解法或插值法求出与略大于配制强度的强度对应的胶水比，包括混凝土强度试验中的一个满足配制强度的胶水比；

②用水量（m_w）应在试拌配合比用水量的基础上，根据混凝土强度试验时实测的拌合物性能情况做适当调整；

③胶凝材料用量（m_b）应以用水量乘以图解法或插值法求出的胶水比计算得出；

④粗骨料和细骨料用量（m_g 和 m_s）应在用水量和胶凝材料用量调整的基础上，进行相应调整。

2）配合比应按以下规定进行校正：

①将调整后的配合比按式（8-16）计算混凝土拌合物的表观密度计算值 $\rho_{c,c}$：

$$\rho_{c,c}=m_c+m_f+m_g+m_s+m_w \tag{8-16}$$

②应按式（8-17）计算混凝土配合比校正系数 δ：

$$\delta=\frac{\rho_{c,t}}{\rho_{c,c}} \tag{8-17}$$

式中 $\rho_{c,t}$——混凝土拌合物表观密度实测值（kg/m³）；

$\rho_{c,c}$——混凝土拌合物表观密度计算值（kg/m³）。

③当混凝土拌合物表观密度实测值与计算值之差的绝对值不超过计算值的 2% 时，调整后的配合比可维持不变；当两者之差超过 2% 时，应将配合比中每项材料用量均乘以校正系数 δ。

3）配合比调整后，应测定拌合物水溶性氯离子含量，并应对设计要求的混凝土耐久性能进行试验，符合设计规定的氯离子含量和耐久性能要求的配合比方可确定为设计配合比。

4）生产单位可根据常用材料设计出常用的混凝土配合比备用，并应在使用过程中予以验证或调整。遇有下列情况之一时，应重新进行配合比设计：

①对混凝土性能有特殊要求时；

②水泥外加剂或矿物掺合料品种质量有显著变化时；

③该配合比的混凝土生产间断半年以上时。

【任务实施】

1. 确定基准配合比

（1）试配时各材料用量

由项目一计算的初步配合比为：

$$m_{co} : m_{so} : m_{go} : m_{wo} = 360 : 716 : 1169 : 205$$

则按本项目所学内容进行试拌，试拌拌合物的量为15L，试配时各材料用量为：

$$m_{cp} = 2450 \times \frac{15}{1000} = 36.8\text{kg}$$

$$m_{co} = 360 \times \frac{15}{1000} = 5.4\text{kg}$$

$$m_{so} = 716 \times \frac{15}{1000} = 10.7\text{kg}$$

$$m_{go} = 1169 \times \frac{15}{1000} = 17.5\text{kg}$$

$$m_{wo} = 205 \times \frac{15}{1000} = 3.1\text{kg}$$

（2）和易性检验

经试验检验，该混凝土拌合物的坍落度值大于70mm，故须调整水泥浆用量，经试验减少5%水泥浆时，坍落度值为65mm，满足要求，此时粘聚性和保水性均良好，此时各材料的用量为：

$$m_{ca} = 5.4 - 5.4 \times 5\% = 5.1\text{kg}$$

$$m_{wa} = 3.1 - 3.1 \times 5\% = 2.9\text{kg}$$

$$m_{sa} = (36.8 - 5.1 - 2.9) \times 0.38 = 10.9\text{kg}$$

$$m_{ga} = 36.8 - 5.1 - 2.9 - 10.9 = 17.9\text{kg}$$

（3）基准配合比

$$m_{ca} : m_{sa} : m_{ga} = 5.1 : 10.9 : 17.9 = 1 : 2.14 : 3.51$$

$$\frac{W}{B} = 0.57$$

2. 确定配制强度对应的水胶比

（1）供强度复核与水胶比调整的试配材料用量取水胶比分别为：0.52、0.57、0.62。

$$m_{wa} = 2.9\text{kg}$$

$$m_{ca} = 5.58\text{kg}；5.1\text{kg}；4.68\text{kg}$$

砂、石用量：

$$\frac{W}{B} = 0.52，取 \beta_s = 0.37$$

$$m_{sa}=(36.8-5.58-2.9)\times0.37=10.49\text{kg}$$

$$m_{ga}=36.8-5.58-2.9-10.49=17.83\text{kg}$$

同理，当 $\dfrac{W}{B}=0.62$ 时，取 $\beta_s=0.39$

$$m_{sa}=(36.8-4.68-2.9)\times0.39=11.4\text{kg}$$

$$m_{ga}=36.8-4.68-2.9-11.4=17.82\text{kg}$$

注意：实际进行混凝土配合比设计时，下列有关强度的步骤，需待测得混凝土试块28d 强度，或按《早期推定混凝土强度试验方法标准》JGJ/T 15−2008 推定强度后方可进行。

（2）实测表观密度和强度

经试验测得三组配合比均满足和易性要求，同时测得三组拌合物的表观密度都为2410kg/m³，表观密度的计算值与实际值的差值未超过计算值的2%，不需进行表观密度调整。28d 后测得三组混凝土配合比试件强度分别为：

$$\frac{W}{B}=0.52,\quad \frac{W}{B}=1.92,\quad f_{cu,28}=42\text{MPa}$$

$$\frac{W}{B}=0.57,\quad \frac{W}{B}=1.75,\quad f_{cu,28}=39.5\text{MPa}$$

$$\frac{W}{B}=0.62,\quad \frac{W}{B}=1.61,\quad f_{cu,28}=34\text{MPa}$$

（3）计算配制强度对应的 $\dfrac{W}{B}$

根据前面计算中三组试块的水胶比和28d 强度的关系绘制曲线，如图 8-9 所示，求出与配制强度 $f_{cu,28}=38.23$ 相对应的 $\dfrac{W}{B}=1.71$，$\dfrac{W}{B}=0.58$。

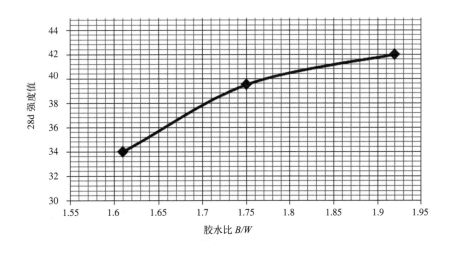

图 8-9　胶水比——28d 强度曲线

（4）调整后的配合比

1）按强度检验结果修正配合比，修正后的配合比各材料用量为：

$$m_{co} : m_{so} : m_{go} : m_{wo} = 360 : 716 : 1169 : 205$$

$$m'_{wa} = 205 \times (1 - 0.05) = 195kg$$

$$m'_{ca} = \frac{W}{B} \times W = 1.71 \times 195 = 333kg$$

$$m_{cp} = 2450kg/m^3，取 \beta_s = 0.38$$

$$则 \ m'_{sa} = (2450 - 195 - 333) \times 0.38 = 730kg$$

$$m'_{ga} = 1192kg$$

2）按实测表观密度校正配合比

计算配合比为：$\rho_{c,c} = 333 + 730 + 1192 + 195 = 2450kg/m^3$

实测配合比为：$\rho_{c,t} = 2380kg/m^3$

校正系数为：$\delta = \dfrac{\rho_{c,t}}{\rho_{c,c}} = \dfrac{2380}{2450} = 0.97$

修正后的 $1m^3$ 混凝土材料用量：

$$m_{cb} = 0.97 \times 333 = 323kg$$

$$m_{sb} = 0.97 \times 730 = 708kg$$

$$m_{gb} = 0.97 \times 1192 = 1156kg$$

$$m_{wb} = 0.97 \times 195 = 189kg$$

（5）确定设计配合比

$$m_{cb} : m_{sb} : m_{gb} = 323 : 708 : 1156 = 1 : 2.19 : 3.58$$

$$\frac{W}{B} = 0.58$$

（6）确定施工配合比

测得施工现场砂含水率为 6%，石子含水率为 1%，计算各材料用量：

$$m_c = 323kg$$

$$m_s = 708 \times (1 + 6\%) = 750kg$$

$$m_g = 1156 \times (1 + 1\%) = 1168kg$$

$$m_w = 189 - 708 \times 6\% - 1156 \times 1\% = 135kg$$

故，施工配合比为

$$m_c : m_s : m_g : m_w = 323 : 750 : 1168 : 135$$

或

$$m_c : m_s : m_g = 323 : 750 : 1168 = 1 : 2.32 : 3.62$$

$$\frac{W}{B} = 0.58$$

【知识拓展】

1. 影响和易性的主要因素

（1）水胶比

指用水量与胶凝材料用量的比值，增加用水量，在胶凝材料用量不变的情况下，浆体越稀，混凝土的流动性越大，但水胶比过大，会造成混凝土拌合物流浆、离析，严重影响混凝土的强度；水胶比过小，混凝土流动性小，会使施工困难，难以振捣密实，不能保证混凝土密实性。因此，水胶比不能过大或过小，应根据混凝土的强度和耐久性要求合理选用。1m³ 混凝土拌合物的用水量，应根据坍落度要求按表 8-10 选用。

（2）浆体的用量

浆体用量即水和胶凝材料的用量，浆体在混凝土中主要有三个方面的作用，即填充、包裹和润滑。在水胶比不变的情况下，浆体越多，拌合物流动性越大。但浆体过多会出现流浆，拌合物粘聚性变差，影响强度和耐久性。浆体过少，不能很好包裹骨料表面，粘聚性差会引起崩坍现象。因此拌合物中浆体含量应以满足流动性要求为宜，不应过量。

塑性混凝土用水量选用表　　　　　　　　　　　表 8-10

坍落度（mm）	卵石最大粒径（mm）				碎石最大粒径（mm）			
	10	20	31.5	40	16	20	31.5	40
10 ~ 30	190	170	160	150	200	185	175	165
35 ~ 50	200	180	170	160	210	195	185	175
55 ~ 70	210	190	180	170	220	205	195	185
75 ~ 90	215	195	185	175	230	215	205	195

（3）砂率

指混凝土中砂质量占砂、石总质量的百分率。砂率越大，骨料总表面积增大，胶凝材料浆体含量不变时，混凝土流动性变小。砂率过小时，不能保证粗骨料间足够的砂浆层，也会降低混凝土流动性，而且会产生离析、流浆，因此砂率必须选用一合理值，即在水胶比一定时，保持粘聚性和保水性良好，又能使混凝土拌合物获得最大流动性的砂率值。

（4）组成材料品种及性质不同的水泥品种，由于组成、细度、粒形等不同，在相同配合比情况下，其和易性不同，如矿渣水泥和火山灰水泥需水量较大，取同样用水量时，其拌合物的流动性比硅酸盐水泥和普通水泥小。采用级配良好、较粗大的骨料，其骨料的空隙率和总表面积较小，包裹骨料表面和填充空隙的浆体材料量少，在相同配合比时拌合物的流动性较好，但砂、石过于粗大也会使拌合物的粘聚性和保水性下降。河砂及卵石多呈圆形，表面光滑无棱角，拌制的混凝土拌合物流动性较好。

此外，混凝土搅拌时间的长短，环境温湿度的大小，外加剂的应用等也会改变混凝土的和易性。

（5）调整混凝土拌合物的和易性采取的措施：

1）改善砂、石（特别是石子）的级配；

2）尽量采用较粗大的砂、石颗粒；

3）尽可能降低砂率，通过试验，选用合理砂率值；

4）混凝土拌合物坍落度太小时，保持水灰比不变，适当增加水泥浆用量；当坍落度太大而黏聚性良好时，可保持砂率不变，适当增加砂、石用量；

5）合理选用外加剂。

2. 混凝土试制制作方法

（1）用振动台振实制作试件应按下述方法进行：

1）将混凝土拌合物一次装入试模，装料时应用抹刀沿各试模壁插捣，并使混凝土拌合物高出试模口；

2）试模应附着或固定在振动台上，振动时试模不得有任何跳动，振动应持续到表面出浆为止，不得过振。

（2）用人工插捣制作试件应按下述方法进行：

1）混凝土拌合物应分两层装入模内，每层的装料厚度应大致相等；

2）插捣应按螺旋方向从边缘向中心均匀进行。在插捣底层混凝土时，捣棒应达到试模底部；插捣上层时，捣棒应贯穿上层后插入下层 20～30mm；插捣时捣棒应保持垂直，不得倾斜。然后应用抹刀沿试模内壁插拔数次；

3）每层插捣次数按在 $10000mm^2$ 截面积内不得少于 12 次；

4）插捣后应用橡皮锤轻轻敲击试模四周，直至插捣棒留下的空洞消失为止；

5）刮除试模上口多余的混凝土，待混凝土临近初凝时，用抹刀抹平。

3. 维勃稠度法

当混凝土坍落度小于 10mm 时，采用维勃稠度来反应混凝土的流动性，维勃稠度值越大，说明混凝土拌合物越干硬。详见《普通混凝土拌合物性能试验方法》GB/T 50080-2002。

【能力测试】

测试题目：以各小组计算的混凝土初步配合比为基础，让各小组根据本项目所学内容，试拌混凝土并检验和易性，然后按照施工要求调整、确定基准配合比。

成果要求：学习混凝土配合比的试配、调整和确定，并在此过程中，通过试验老师的指导，了解和掌握混凝土坍落度的试验方法及保水性、黏聚性的评定，能够简单分析混凝土和易性的好坏，并根据所学知识调整混凝土和易性，使其满足施工要求。

项目 3　混凝土强度和耐久性

【项目概述】

1. 项目描述

通过本项目的学习，使学生理解混凝土的强度、混凝土的耐久性；掌握混凝土试块强度试验；了解抗渗混凝土试验。

2. 检验依据

（1）《普通混凝土力学性能试验方法标准》GB/T 50081-2002

（2）《混凝土强度检验评定标准》GB/T 50107-2010

（3）《混凝土质量控制标准》GB 50164-2011

（4）《普通混凝土长期性能和耐久性能试验方法标准》GB/T 50082-2009

（5）《混凝土耐久性检验评定标准》JGJ/T 193-2009

（6）《混凝土抗渗仪》JG/T 249-2009

【学习支持】

1. 混凝土养护

采用标准养护的试件，应在温度为 20±5℃ 的环境中静置一天后，编号、拆模，拆模后应立即放入温度为 20±2℃，相对湿度为 95% 以上的标准养护室中养护，标准养护室内试件应放在支架上，彼此间隔 10～20mm，试件表面应保持潮湿，并不得被水直接冲淋，混凝土养护如图 8-10 所示。标准养护 28d 后，进行混凝土立方体抗压强度试验。

图 8-10　混凝土养护

2. 混凝土的抗压强度

（1）混凝土立方体抗压强度

边长为 150mm 的立方体试件为标准试件；边长为 100mm 和 200mm 的立方体试件

为非标准试件；取样或试验室拌制的混凝土应在拌制后尽短的时间内成型，一般不宜超过 15min。

坍落度不大于 70mm 的混凝土宜用振动振实，大于 70mm 的宜用捣棒人工捣实，现场检验时，试件成型方法宜与实际采用的方法相同。

立方体抗压强度试验以 3 个试件为一组，试验方法如下：

1）试件从养护地点取出后应及时进行试验，将试件表面与上下承压板面擦干净；

2）将试件安放在试验机的下压板或垫板上，试件的承压面应与成型时的顶面垂直。试件的中心应与试验机下压板中心对准，开动试验机，当上压板与试件或钢垫板接近时，调整球座，使接触均衡；

3）在试验过程中应连续均匀加荷，混凝土强度等级＜ C30 时，加荷速度取每秒 0.3 ～ 0.5MPa；混凝土强度等级≥ C30 且＜ C60 时，取每秒 0.5 ～ 0.8MPa；混凝土强度等级≥ C60 时，取每秒 0.8 ～ 1.0MPa；

4）当试件接近破坏开始急剧变形时，应停止调整试验机油门，直至破坏，记录破坏时荷载。

结果计算及确定按下列方法进行：

①混凝土立方体抗压强度应按式（8-18）计算：

$$f_{cc} = F/A \qquad\qquad (8-18)$$

式中 f_{cc}——混凝土立方体试件抗压强度（MPa）；

$\quad$ F——试件破坏荷载（N）；

$\quad$ A——试件承压面积（mm^2）；

混凝土立方体抗压强度计算应精确至 0.1MPa。

②强度值的确定应符合下列规定：

A. 三个试件测值的算术平均值作为改组试件的强度值（精确至 0.1MPa）；

B. 三个测值中的最大值或最小值中如有一个与中间值的差值超过中间值的 15% 时，则把最大及最小值一并舍除，取中间值作为该试件的抗压强度值；

C. 如最大值和最小值与中间值的差均超过中间值的 15%，则该组件试件的试验结果无效。

③混凝土强度等级＜ C60 时，用非标准试件测得的强度值均应乘以尺寸换算系数，200mm 立方体试件的换算系数为 1.05，100mm 立方体试件的换算系数为 0.95。混凝土强度等级≥ C60 时，宜采用标准试件。混凝土立方体抗压强度试验如图 8-11 ～图 8-13 所示。

（2）轴心抗压强度

在混凝土结构设计中，对于轴心受压构件常以棱柱体抗压强度作为设计依据，因为这样接近于构件的实际受力状态。按标准试验方法，制成 150mm × 150mm × 300mm 的标准试块，在标准养护条件下测起抗压强度值，即为轴心抗压强度。

图 8-11　28d 标养混凝土试块

图 8-12　混凝土抗压强度试验

图 8-13　混凝土抗压强度被破坏的试块

由于立方体受压时，上下表面受到的摩擦力比棱柱体大，所以立方体抗压强度（$f_{cu,k}$）要高于轴心抗压强度（f_a）。两者关系如下：$f_a=0.67f_{cu,k}$。

3. 混凝土的耐久性

混凝土耐久性是指混凝土在自然状态下，能长期抵抗各种外界因素并保持强度和外观不被破坏的稳定性。

混凝土的耐久性直接影响混凝土的使用寿命，是非常重要的性质，耐久性主要包括抗冻性、抗渗性、抗腐蚀性、抗碳化性和碱骨料反应等。

（1）抗冻性

混凝土中所含水的冻融循环作用是造成混凝土破坏的主要因素之一。

混凝土试件成型后，经过标准养护或同条件养护，在规定的冻融循环（通常采用 $-15℃$ 的温度冻结，再在 $20℃$ 的水中融化，这样的一个过程为一次循环）后，质量损失不大于 5%，强度损失不超过 25% 时，通常认为是抗冻材料。材料的抗冻性按冻融循环次数来划分其抗冻等级，如 F25、F50、F100 等。提高抗冻性的方法，可采用引气混凝土、高密实混凝土，选择适宜的水泥品种和水胶比。

（2）碳化

碳化是混凝土的一项重要的长期性能，它直接影响对钢筋的保护作用。硬化后的混凝土，由于水泥水化形成氢氧化钙，故呈碱性。碱性物质使钢筋表面生成难溶的钝化膜，对钢筋有良好的保护作用。

当碳化深度超过混凝土保护层时，在有水和空气存在的条件下，钢筋开始生锈。处于水中和处于特别干燥条件下的混凝土，由于只有水或空气一种条件，故混凝土无碳化。

（3）碱—骨料反应

碱—骨料反应是指水泥、外加剂等混凝土组成物及环境中的碱与骨料中碱活性矿物（如活性 SiO_2、硅酸盐和碳酸盐等），在潮湿环境下缓慢发生导致混凝土开裂破坏的膨胀反应。因其引起的破坏要等若干年之后才会显现，很难预防，所以对于碱—骨料反应必须加强重视，提高对水泥中碱含量的检测。

预防碱—骨料反应的措施：

1）采用活性低或非活性集料；

2）控制水泥或外加剂中游离碱的含量；

3）掺粉煤灰、矿渣或其他活性混合材。

（4）抗渗性

抗渗性是指混凝土抵抗液体渗透的性能，用抗渗等级表示。混凝土渗水的主要原因是混凝土中的孔隙形成通路，当混凝土拌合物泌水时，在粗骨料颗粒与钢筋下，形成的水膜或由于泌水留下的孔道，在压力作用下形成渗水通道，此外，施工质量差，捣固不密实都容易形成渗水孔隙和通道。

（5）提高混凝土耐久性的措施

1）根据工程情况，合理选择水泥；

2）合理掺配外加剂，改善混凝土性能；

3）改善施工能力，加强养护，提高混凝土的质量；

4）用涂料或其他措施，对混凝土表面进行处理，防止混凝土碳化；

5）适当控制水胶比及胶凝材料用量。

【任务实施】

将按项目 1 和项目 2 计算的混凝土制成的试件，从标准养护室内取出，按本项目所学内容进行抗压强度试验，并按立方体抗压强度取值要求，得出各混凝土配合比的抗压强度，并按项目 2 的内容完善试验室配合比的计算，然后，根据施工现场砂石含水率的情况，计算出相应的施工配合比。

【能力拓展】

1. 影响混凝土强度的因素

（1）水泥强度和水胶比

水泥强度等级和水胶比是影响混凝土强度最主要的因素。在其他条件相同时，水泥强度等级愈高，则混凝土强度愈高；在一定范围内，水胶比愈小，则混凝土的强度愈高；反之，水胶比大，用水量多，混凝土强度小。

（2）粗骨料

粗骨料的强度一般都高于水泥石的强度，但当粗骨料中含有大量的软弱颗粒、针片状颗粒及风化岩石等，则会降低混凝土的强度。另外，由于碎石的表面粗糙多棱角，相对而言比卵石与水泥石的粘结力更强，所以在其他条件相同时，粗骨料选用碎石的混凝土比卵石的强度高。

（3）养护条件

混凝土的强度增长是在一定的温湿度条件下发展的，在 4 ~ 40℃ 间，水化随温度的升高加快，强度增加的快，强度越高。当温度为 0℃ 时，水化基本停止，强度发展停止。同时，混凝土的水化需要保持一定的湿度，若湿度不够，混凝土强度则较低。

（4）龄期

混凝土的强度随龄期的增长而增高，在正常养护条件下，混凝土在 3 ~ 7d 时强度发展快，到 28d 时完成基本部分，可达到设计强度等级。此后增长缓慢，甚至可持续几十年。

2. 混凝土抗渗（抗水渗透）试验步骤

制作混凝土抗渗试件，抗渗试验以 6 个试件为一组，试模为上口内部直径 175mm、下口内部直径 185mm 和高度 150mm 的圆台体。试件制作完成放置一天后拆模、编号，用钢丝刷去两端面的水泥浆膜，并应立即将试件送入标准养护室进行养护。试件抗渗龄期为 28d，应在第 27d 时将试件取出，并擦拭干净，待表面晾干后进行石蜡密封并加入试模，然后将试件固定在抗渗仪上，启动抗渗仪，进行抗渗试验。试验时，水压从 0.1MPa 开始，以后应每隔 8h 增加 0.1MPa，并随时观察试件端面渗水情况。当 6 个试件中有 3 个试件表面出现渗水，或加压至规定压力 8h 后 6 个试件中渗水试件不超过 2 个时，停止试验并记录此时水压力。

混凝土的抗渗等级应以每组 6 个试件中渗水试件不超过 2 个时的最大水压力乘以 10 确定，如式（8-19）：

$$P=10H-1 \tag{8-19}$$

式中 P——混凝土抗渗等级；

H——6 个试件中有 3 个试件渗水时的水压力（MPa）。

混凝土抗渗试验用试模、抗渗试验等如图 8-14 ~ 图 8-16 所示。

【能力测试】

（1）在试验室内，按要求操作试验仪器，进行混凝土立方体抗压强度试验，记录试验结果，计算混凝土强度。

（2）参观混凝土抗渗试验，了解抗渗试块、试验机和试验方法。

图 8-14　抗渗试验用试模

图 8-15　抗渗试验用试块

图 8-16　混凝土抗渗试验

【模块概述】

在建筑工程中，建筑砂浆是一项用量大、用途广泛的建筑材料。按用途可分为砌筑砂浆、抹面砂浆和特种砂浆等。其中砌筑砂浆是将砖、石、砌块等块材经砌筑成为砌体，起粘结、衬垫和传力作用的砂浆，普遍应用于建筑工程中。本模块主要介绍砌筑砂浆的配合比设计及强度试验。

在砖石结构中，砂浆可以把单块的黏土砖、石块以至砌块胶结起来，构成砌体，如图9-1所示。砖墙勾缝和大型墙板的接缝也要用砂浆来填充。墙面、地面及梁柱结构的表面都需要用砂浆抹面，起到保护结构和装饰的效果。镶贴大理石、水磨石、贴面砖、瓷砖、陶瓷锦砖以及制作钢丝网水泥等都要用到砂浆。

图 9-1 砂浆在建筑工程中的应用

【学习目标】

（1）砂浆的简介。

（2）砌筑砂浆的基本试验和砂浆配合比设计。

（3）砂浆强度试验及结果分析。

项目　砂浆的质量检测

【项目概述】

1. 项目描述

在建筑工程中，建筑砂浆是一项用量大、用途广泛的建筑材料。按用途可分为砌筑砂浆、抹面砂浆和特种砂浆等。其中砌筑砂浆是将砖、石、砌块等块材经砌筑成为砌体，起粘结、衬垫和传力作用的砂浆，普遍应用于建筑工程中。本模块主要介绍砌筑砂浆的配合比设计及强度试验。

2. 检验依据

（1）《混凝土试模》JG 237－2008

（2）《建筑砂浆基本性能试验方法标准》JGJ/T 70－2009

（3）《砌筑砂浆配合比设计规程》JGJ/T 98－2010

（4）《试验用砂浆搅拌机》JG/T 3033－1996

【学习支持】

1. 砂浆简介

砂浆是用无机胶凝材料（水泥、石灰等）与细集料（砂）和水按一定比例拌和而成。按用途可分为砌筑砂浆、抹面砂浆和特种砂浆等。按配制方式分为现场拌制砂浆和预制砂浆。

砌筑砂浆是将砖、石、砌块等块材经砌筑成为砌体，起粘结、衬垫和传力作用的砂浆。其主要有水泥砂浆和水泥混合砂浆两种。

预拌砂浆是专业生产厂生产的湿拌砂浆或干混砂浆。

湿拌砂浆是由水泥、细骨料、外加剂和水以及根据性能确定的其他各种组分，按一定比例在搅拌站经计量、拌制后，采用搅拌运输车运至使用地点，放入专用容器储存，并在规定时间内使用完毕的湿拌合物。

干混砂浆又称为干拌砂浆，是指经干燥筛分处理的骨料与水泥以及根据性能确定的其他各种组分，按一定比例在专业生产厂混合，在使用地点按规定比例加水或配套液体拌和使用的干混拌合物。

现场配制砂浆是由水泥、细骨料和水，以及根据需要加入的石灰、活性掺合料或外加剂在现场配制成的砂浆，分为水泥砂浆和水泥混合砂浆。

水泥砂浆是由水泥、细骨料和水配制而成的砂浆；水泥混合砂浆是由水泥、细骨料、掺加料和水配制而成的砂浆（如水泥石灰砂浆）。

在工程应用当中，为了更好地满足工程需要和方便施工操作，可以在砂浆中加入无机材料（如石灰膏、粉煤灰等）或外加剂，以调节和改善砂浆的性能。常用于砂浆的外加剂包括：减水剂、早强剂、缓凝剂、促凝剂和防冻剂等。

2. 砌筑砂浆

（1）砌筑砂浆的基本性质

目前随着建筑业的发展，特别是新型墙体材料的出现，对建筑砂浆的性能要求越来越高，这里介绍的主要为砂浆的基本性能，主要指施工现场拌制的、用于普通墙体材料的砌筑和抹面砂浆所必备的性能。

1）稠度（流动性）

指砂浆在自重或外力作用下是否易于流动的性能。砂浆的流动性实质上反映了砂浆的稀稠程度。其大小以砂浆稠度测定仪的圆锥体沉入砂浆深度的毫米数作为流动的指标，称为沉入度。砂浆稠度仪如图 9-2 所示。

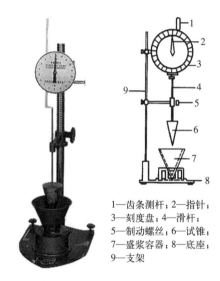

1—齿条测杆；2—指针；
3—刻度盘；4—滑杆；
5—制动螺丝；6—试锥；
7—盛浆容器；8—底座；
9—支架

图 9-2　砂浆稠度仪

稠度试验步骤如下：

①应先采用少量润滑油轻擦滑杆，再将滑杆上多余的油用吸油纸擦净，使滑杆能自由滑动；

②应先采用湿布擦净盛浆容器和试锥表面，再将砂浆拌合物一次装入容器，砂浆表面易低于容器口 10mm，用捣棒自容器中心向边缘均匀地插捣 25 次，然后轻轻地将容器摇动或敲击 5～6 下，使砂浆表面平整，随后将容器置于稠度测定仪的底座上；

③拧开制动螺丝，向下移动滑杆，当试锥尖端与砂浆表面刚接触时，应拧紧螺丝，使齿条测杆下端刚接触滑杆上端，并将指针对准零点上；

④拧开制动螺丝，同时计时间，10s 时立即拧紧螺丝，将齿条测杆下端接触滑杆上端，从刻度盘上读出下沉深度（精确至 1mm），即为砂浆的稠度值；

⑤盛浆容器内的砂浆，只允许测定一次稠度，重复测定时，应重新取样测定。

砂浆稠度试验如图 9-3 所示。

图 9-3　砂浆稠度试验

砂浆的稠度试验结果，应符合下列要求：
①同盘砂浆应取两次试验结果的算术平均值作为测定值，并应精确至 1mm；
②当两次试验值之差大于 10mm 时，应重新取样测定。
砂浆流动性的选择与砌体种类、施工方法以及天气情况有关，可参考表 9-1 选用。

砂浆流动性选用表（沉入度 mm）　　　　　　　　　　　　　　表 9-1

砌体种类	砂浆沉入度
普通烧 结砖砌体	70 ~ 90
轻骨料混凝土小型空心砌块砌体	60 ~ 90
烧结多孔砖、空心砖砌体	60 ~ 80
普通烧结砖平拱式过梁 空斗墙、筒拱 普通混凝土小型空心砌块砌体 加气混凝土砌体	50 ~ 70
石砌体	30 ~ 50

2）保水性
砂浆能够保持水分的性能即为保水性，用分层度表示。分层度大，表明砂浆有分层离析现象，稳定性不好。稳定性好的砂浆，其分层度应 ≤ 10mm，图 9-4 为分层度仪。

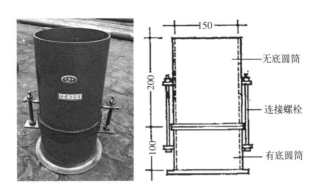

图 9-4　砂浆分层度仪

①标准法测定分层度的步骤为：

A. 按测砂浆拌合物稠度的方法测砂浆稠度；

B. 应将砂浆拌合物一次装入分层度筒内，待装满后，用木锤在分层度筒周围距离大致相等的四个不同部位轻轻敲击 1 ~ 2 下，当砂浆沉落到低于筒口时，应随时添加，然后刮去多余的砂浆并用抹刀抹平；

C. 静置 30min 后，去掉上节 200mm 砂浆，然后将剩余的 100mm 砂浆倒在拌和锅内拌 2min，再测其稠度，前后测得稠度之差即为该砂浆的分层度值。

②分层度试验结果取值：

A. 应取两次试验结果的算术平均值作为该砂浆的分层度值，精确至 1mm；

B. 当两次分层度试验值之差大于 10mm 时，应重新取样测定。

③砂浆的粘结力

由于砂浆是与基层共同构成一个整体，因而粘结强度是砂浆的一个非常重要的性能。只有砂浆本身具有一定的粘结力，才能与基层实现有效的粘结，并长期保持这种稳定性。砂浆的粘结力是按《建筑砂浆基本性能试验方法标准》JGJ/T 70-2009 规定的"拉伸粘结强度试验"来确定的。一般砂浆粘结强度越大，则其与基材的粘结力越强。此外，砂浆的粘结力也与基层材料的表面状态、清洁程度、润湿状况及施工养护条件有关。因此在砌筑前应做好有关的准备工作，以提高砂浆粘结强度。

④砂浆的变形性

砂浆在承受荷载或温度情况变化时，容易变形。砂浆的变形性，是通过《建筑砂浆基本性能试验方法标准》JGJ/T 70-2009 规定的"静力受压弹性模量试验"和"收缩试验"来确定。如果变形过大或不均匀则会降低砌体及层面质量，引起沉陷或开裂。在使用轻骨料拌制的砂浆时，其收缩变形比普通砂浆大。为防止抹面砂浆收缩变形不均而开裂，可在砂浆中掺入麻刀、纸筋等纤维材料抵抗开裂。

⑤硬化砂浆的耐久性

砂浆的耐久性是指砂浆在各种环境条件作用下，具有经久耐用的性能。经常与水接触的水工砌体有抗渗及抗冻要求，故水工砂浆应考虑抗渗、抗冻性。具体应按《建筑砂浆基本性能试验方法标准》JGJ/T 70-2009 规定的标准实验方法进行检测。

A. 抗冻性

砂浆的抗冻性是指砂浆抵抗冻融循环作用的能力。砂浆受冻遭损是由于其内部孔隙中水的冻结膨胀引起孔隙破坏而致。因此，密实的砂浆和具有封闭性孔隙的砂浆都具有较好的抗冻性能。此外，影响砂浆抗冻性的因素还有水泥品种及强度等级、水灰比等。

B. 抗渗性

砂浆的抗渗性是指砂浆抵抗压力水渗透的能力。它主要与密实度及内部孔隙的大小和构造有关。砂浆内部互相连通的孔以及成型时产生的蜂窝、孔洞都会造成砂浆渗水。

根据砂浆不同的使用需要，还应对砂浆进行不同的性能检测，如：含气量、吸水率、凝结时间等。

（2）砌筑砂浆的配合比

1）砂浆配合比应按下列步骤计算：

①计算砂浆试配强度（$f_{m,0}$）；

②计算每立方米砂浆中的水泥用量（Q_C）；

③计算每立方米砂浆中的石灰膏用量（Q_D）；

④计算每立方米砂浆中的砂用量（Q_S）；

⑤按砂浆稠度选每立方米砂浆用水量（Q_W）。

2）砂浆的试配强度计算（$f_{m,0}$）

$$f_{m,0}=kf_2 \tag{9-1}$$

式中 $f_{m,0}$——砂浆的试配强度（MPa）；

f_2——砂浆强度等级值（MPa）；

k——系数（见表9-2）。

砂浆强度标准差 σ 及 k 值   表 9-2

强度等级\施工水平	强度标准差σ（MPa）							k
	M5	M7.5	M10	M15	M20	M25	M30	
优良	1.00	1.50	2.00	3.00	4.00	5.00	6.00	1.15
一般	1.25	1.88	2.50	3.75	5.00	6.25	7.50	1.20
较差	1.50	2.25	3.00	4.50	6.00	7.50	9.00	1.25

3）确定水泥用量（Q_c）

每立方米砂浆中的水泥用量可按式（9-2）计算：

$$Q_c=1000（f_{m,0}-\beta）/（\alpha \cdot f_{ce}） \tag{9-2}$$

式中 Q_c——每立方米砂浆的水泥用量（kg）；

f_{ce}——水泥的实测强度（MPa），当无实测值时可取水泥强度等级值；

α，β——砂浆的特征系数，其中 α 取 3.03，β 取 -15.09。

4）计算石灰膏用量（Q_D）

$$Q_D=Q_A-Q_C \tag{9-3}$$

式中 Q_D——每立方米砂浆的石灰膏用量（kg），应精确至 1kg，石灰膏使用时的稠度宜为 120±5mm；

Q_C——每立方米砂浆的水泥用量（kg），应精确至 1kg；

Q_A——每立方米砂浆中水泥和石灰膏总量（kg），应精确至 1kg，可为 350kg。

5）每立方米砂浆中的砂子用量

应按干燥状态（含水率小于 0.5%）的堆积密度值作为计算值（kg）。

6）确定用水量

每立方米砂浆中的用水量，根据砂浆稠度等要求可选用 210 ~ 310kg。

7）配合比试配、调整与确定

试配时应采用工程中实际使用的材料，机械搅拌，搅拌时间自开始加水算起，应符合下列规定：对水泥砂浆和水泥混合砂浆，搅拌时间不得小于 120s。对预拌砂浆和掺用粉煤灰和外加剂的砂浆，搅拌时间不得小于 180s。

试配分以下两个步骤：

①试拌调整

按计算或查表所得配合比进行试拌时，测定拌合物分层度和稠度。若不能满足要求，则应调整材料用量，直到符合要求为止。此配合比即为试配时的砂浆基准配合比。

②校核强度

试配时至少应采用三个不同的配合比，其中一个为上述试拌调整所得的基准配合比，另外两个配合比的水泥用量按基准配合比分别增加及减少 10%。在保证稠度、分层度合格的条件下，可将用水量或掺加料用量作相应调整。经调整后，按国家现行标准《建筑砂浆基本性能试验方法标准》JGJ/T 70-2009 的规定成型试件，测定砂浆强度等级，并选定符合强度要求的水泥用量较少的砂浆配合比。

砂浆配合比确定后，当原料有变更时，其配合比必须重新试验确定。

（3）砂浆的强度

按《建筑砂浆基本性能试验方法标准》JGJ/T 70-2009 的规定，砂浆的强度是以边长为 70.7mm 的 3 个立方体试块，按规定方法成型并标准养护至 28d 后测定的抗压强度标准值来表示。根据《砌筑砂浆配合比设计规程》JGJ/T 98—2010 的规定，砂浆强度等级目前分为 M30、M25、M20、M15、M10、M7.5、M5 七个级别。砂浆用试模和试件制作如图 9-5 ~ 图 9-7 所示。

砂浆立方体抗压强度试验步骤：

①将试件从养护地点取出后应及时进行试验。试验前应将试件表面擦拭干净，测量尺寸，并检查其外观，并应计算试件的承压面积。当实测尺寸与公称尺寸之间不超过 1mm 时，可按照公称尺寸进行计算。

②将试件安放在试验机的下压板或下垫板上，试件的承压面应与成型时的顶面垂直，试件中心应与试验机下压板或下垫板中心对准。开动试验机，当上压板与试件或上垫板接近时，调整球座，使接触面均衡受压。承压试验应连续而均匀地加荷，加荷速度应为 0.25 ～ 1.5kN/s；砂浆强度不大于 2.5MPa 时，宜取下限。当试件接近破坏而开始迅速变现时，停止调整试验机油门，直至试件破坏，然后记录破坏荷载。砂浆抗压强度试验如图 9-8、图 9-9 所示。

图 9-5　砂浆用塑料试模

图 9-6　砂浆试件制作

图 9-7　砂浆试件放置一昼夜后脱模

图 9-8　砂浆抗压试验

图 9-9　砂浆抗压试验后被破坏的试件

砂浆的立方体抗压强度应按式（9-4）计算：

$$f_{m,cu}=K\frac{N_u}{A}\qquad\qquad(9-4)$$

式中 $f_{m,cu}$——砂浆立方体试件抗压强度（MPa），应精确至 0.1MPa；

　　　N_u——试件破坏荷载（N）；

　　　A——试件承压面积（mm²）；

　　　K——换算系数，取 1.35。

立方体抗压强度试验的试验结果应按下列要求确定：

①应以三个试件测值的算术平均值作为该组试件的砂浆立方体抗压强度平均值（f_2），精确至 0.1MPa；

②当三个测值的最大值或最小值中有一个与中间值的差值超过中间值的 15% 时，应把最大值与最小值舍去，取中间值作为该组试件的抗压强度；

③当两个测值与中间值的差值均超过中间值的 15% 时，该组试验结果应为无效。

（4）砌筑砂浆的选用

根据砂浆的使用环境和强度等级指标要求，砌筑砂浆可以选用水泥砂浆、石灰砂浆。

1）水泥砂浆：适用于潮湿环境、水中以及要求砂浆强度等级 > M5 级的工程。

2）石灰砂浆：适用于地上、强度要求不高的低层或临时建筑工程中。

3. 其他种类砂浆

（1）普通抹面砂浆

抹面砂浆是涂抹于建筑物或构筑物表面砂浆的总称。砂浆在建筑物表面起着平整、保护、美观的作用。

与砌筑砂浆相比，抹面砂浆与底面和空气的接触面更大，所以失去水分的速度更快，这对水泥的硬化是不利的，然而有利于石灰的硬化。石灰砂浆的和易性好，易操作，所以广泛应用于民用建筑内部及部分外墙抹面。对于勒脚、女儿墙或栏杆等暴露部分及湿度大的内墙面需用水泥砂浆，以增强耐水性。

与砌筑砂浆不同，对普通抹面砂浆的主要技术要求不是抗压强度，而是和易性以及与基底材料的粘结力，故需要多用一些胶凝材料。为了保证抹灰层表面平整，避免开裂脱落，抹面砂浆常分为底层、中层和面层，分层涂抹，各层的成分和稠度要求各不相同，底层砂浆主要起粘结作用与基层牢固联结，要求稠度较稀，其组成材料常随基底而异，如：一般砖墙常用石灰砂浆砌筑。有防水、防潮要求时用水泥砂浆。对混凝土基底，宜采用混合砂浆或水泥砂浆。若为木板条、苇箔，则应在砂浆中适量掺入麻刀或玻璃纤维等纤维材料。中层砂浆主要起找平作用，较底层砂浆稍稠。面层砂浆主要起保护装饰作用，一般要求用较细（< 1.18mm）的砂子，且需涂抹平整，色泽均匀。若不用砂子时，可掺麻刀或纸箔。

（2）防水砂浆

防水砂浆是在水泥砂浆中掺入特定的某种外加剂，如防水剂、膨胀剂、聚合物等，以提高水泥砂浆的密实性、改善砂浆的抗裂性，从而达到防水的目的。

（3）保温隔热砂浆

随着建筑节能要求的不断提高和建筑材料工业的发展，在建筑工程中推广应用膨胀珍珠岩、膨胀蛭石、火山灰作为骨料的保温砂浆抹面，不但具有保温、隔热、吸声等功能，还具有无毒、无臭、不燃烧、表观密度小等特点。膨胀珍珠岩砂浆是以Ⅰ级或Ⅱ级膨胀珍珠岩为主，掺入水泥、石灰膏、泡沫剂、聚酸乙烯，按一定比例配制而成。

（4）界面砂浆

是由高分子聚合物乳液与助剂配制成的界面剂与水泥、中砂按一定比例拌合均匀制成的砂浆。主要用于胶粉聚苯颗粒外墙系统的界面层，以便使基层墙体与保温层能更好地结合。

（5）抗裂砂浆

是在聚合物乳液中掺加各种外加剂和抗裂物质制得的抗裂剂，与普通硅酸盐水泥、中砂按一定比例拌合均匀制成的具有一定柔韧性的砂浆。抗裂砂浆主要用作胶粉聚苯颗粒外墙系统的抗裂防护层。介入保温层与饰面之间，以避免饰面层开裂，从而增强饰面层的耐久性。

【任务实施】

水泥混合砂浆配合比设计。

配制强度等级为 M7.5，砌筑砖墙用的水泥石灰砂浆，稠度为 70 ~ 90mm，现场施工水平一般。采用 P·O42.5 级水泥；砂为中砂、河砂（干砂），堆积密度为 1460kg/m³；石灰膏稠度为 120mm。

按本单元内容，设计步骤为：

（1）计算试配强度

$$f_{m,0}=k\ f_2=1.20 \times 7.5=9\text{MPa}$$

（2）计算水泥用量（取 α=3.03，β=-15.09）

$$Q_c = \frac{1000(f_{m,0} - \beta)}{a \cdot f_{ce}} = \frac{1000 \times (9 + 15.09)}{3.03 \times 42.5} = 187 \text{kg}$$

（3）计算石灰膏用量

取 $Q_A = 330 \text{kg}$，则

$$Q_D = Q_A - Q_C = 330 - 187 = 143 \text{kg}$$

（4）计算砂用量（取 $V'_{os} = 1 \text{m}^3$）

$$Q_S = \rho'_{os} \cdot V'_{os} = 1460 \times 1 = 1460 \text{kg}$$

（5）确定用水量

选用水量 $Q_W = 300 \text{kg}$

（6）初步配合比为

$$Q_c : Q_D : Q_S = 187 : 143 : 1460 = 1 : 0.76 : 7.81$$

按砂浆初步配合比试拌，检验稠度和保水性，调整用水量为280kg时，稠度为78mm，保水性良好，则该水泥石灰混合砂浆的配合比为：

$$Q_c : Q_D : Q_S = 187 : 143 : 1460 = 1 : 0.76 : 7.81$$

$$Q_W = 280 \text{kg}$$

以该配合比拌制砂浆，按本单元所学内容制备砂浆试件，标准养护室养护，检测28d抗压强度，并根据抗压强度取值要求，确定砂浆抗压强度。

【知识拓展】

（1）水泥砂浆配合比的选用，参见表9-3。试配和调整方法与水泥混合砂浆相同。

水泥砂浆配合比选用表　　　　　　　　　　　　　表9-3

强度等级	每立方米砂浆水泥用量（kg）	每立方米砂浆砂子用量（kg）	每立方米砂浆用水量（kg）
M5	200 ~ 230		
M7.5	230 ~ 260		
M10	260 ~ 290		
M15	290 ~ 330	1m^3 砂子堆积密度值	270 ~ 330
M20	340 ~ 400		
M25	360 ~ 410		
M30	430 ~ 480		

注：1. 水泥强度等级为42.5级；

2. 当采用细砂或粗砂时，用水量分别取上限或下限；

3. 稠度小于70mm时，用水量可小于下限；

4. 施工现场气候炎热或者干燥季节，可酌量增加用水量。

（2）掺合料

为了改善砂浆的和易性和节约水泥用量，可在水泥砂浆中加入适量掺合料，配制成混合砂浆。为保证砂浆的质量，掺合料应符合以下要求：

1）生石灰需熟化制成石灰膏，然后再掺入砂浆中搅拌均匀。消石灰粉不能直接用于砌筑砂浆中。

2）生石灰熟化成石灰膏时，应用孔径不大于 3mm×3mm 的网过滤，熟化时间不得少于 7d；磨细生石灰粉的熟化时间不得小于 2d。沉淀池中贮存的石灰膏，应采取防止干燥、冻结和污染的措施。严禁使用脱水硬化的石灰膏。

3）采用黏土或亚黏土制备黏土膏时，宜用搅拌机加水搅拌，通过孔径不大于 3mm×3mm 的网过筛。

4）制做电石膏的电石渣应用孔径不大于 3mm×3mm 的网过滤，检验时应加热至 70℃并保持 20min，没有乙炔气味后，方可使用。

5）石灰膏、黏土膏和电石膏试配时，沉入度应为 120mm±5 mm。

（3）外加剂

砌筑砂浆中掺入的砂浆外加剂，应具有法定检测机构出具的该产品砌体强度型式检验报告，并经砂浆性能试验合格后，方可使用。

【能力测试】

测试题目：以各试验室实际提供的材料为基础，由任课老师指定砂浆强度等级和砂浆施工要求，设计砂浆配合比计算，让各小组根据本单元所学内容，设计砂浆配合比的计算。

成果要求：计算出砂浆初步配合比，并根据选用的用水量试拌砂浆，检测砂浆的稠度和保水性。当砂浆稠度和保水性均符合施工要求时的用水量即为砂浆的用水量，确定该用水量条件下的砂浆配合比，并将砂浆制作成砂浆试模，养护一昼夜后脱模、编号，标准养护室养护 28d 后测抗压强度，并按规范要求取值，得出砂浆抗压强度值。

【模块概述】

建筑钢材是指建筑工程中使用的各种钢材，是工程建设中的主要材料之一，广泛用于工业与民用建筑、道路桥梁等工程中。钢筋又是工业与民用建筑中用量最大的钢材品种。本模块通过一个项目"钢筋的检验"使学生掌握建筑钢材中应用最为广泛的钢筋质量检测的相关知识和技能。

【学习目标】

（1）了解钢材和钢筋的基本概念，了解钢筋和钢材的分类。

（2）了解钢筋和钢材的质量控制与检验，掌握钢筋进场验收与复验要求。

（3）熟悉钢材的进场验收项目。

（4）掌握钢筋的试验项目与方法。

（5）了解钢材的试验项目与方法。

项目　建筑钢材的质量检测

【项目概述】

1. 项目描述

"钢筋的检验"项目是通对钢筋的检验，包括钢筋的进场验收、取样、复试等具体工作，掌握建筑钢材、钢筋的基本概念、分类；重点掌握钢筋进场验收与复验项目；熟悉试验方法和步骤，能看懂检测结果。

2. 检验依据

（1）《钢筋混凝土用钢　第 1 部分：热轧光圆钢筋》国家标准第 1 号修改单 GB 1499.1–2008/XG1–2012

（2）《钢筋混凝土用钢 第2部分：热轧带肋钢筋》国家标准第1号修改单 GB 1499.2-2007/XG1-2009

（3）《冷轧带肋钢筋》GB 13788-2008

（4）《低碳钢热轧圆盘条》GB/T 701-2008

（5）《碳素结构钢》GB/T 700-2006

（6）《低合金高强度结构钢》GB/T 1591-2008

（7）《钢及钢产品力学性能试验取样位置及试样制备》GB/T 2975-1998

（8）《金属材料 拉伸试验 第1部分：室温试验方法》GB/T 228.1-2010

（9）《金属材料 弯曲试验方法》GB/T 232-2010

（10）《金属材料线材反复弯曲试验方法》GB/T 238-2013

（11）《钢筋焊接及验收规程》JGJ 18-2012

（12）《钢筋焊接接头试验方法标准》JGJ/T 27-2014

（13）《钢筋机械连接技术规程》JGJ 107-2016

（14）《钢筋机械连接用套筒》JG/T 163-2013

（15）《冶金技术标准的数值修约与检测数值的判定》YB/T 081-2013

【学习支持】

1. 钢材的概念

用钢作为母料，经过加工取得的不同形状、不同用途的材料，称为钢材；钢材又可分为线材和型材，用于建设工程中的钢材，俗称为建筑钢材。常用的建筑钢材主要品种有：钢筋、钢丝、型钢（扁钢、工字钢、槽钢、角钢）等。它广泛应用于工业与民用房屋建筑、道路桥梁、国防等工程中。

建筑钢材的主要优点是：

（1）强度高：在建筑中可用作各种构件，特别适用于大跨度及高层建筑。在钢筋混凝土中，能弥补混凝土抗拉、抗弯、抗剪和抗裂性能较低的缺点。

（2）塑性和韧性较好：在常温下建筑钢材能承受较大的塑性变形，可以进行冷弯、冷拉、冷拔、冷轧、冷冲压等各种冷加工。可以焊接和铆接，便于装配。

建筑钢材的主要缺点是：

容易生锈、维护费用大、防火性能较差、能耗及成本较高。

2. 建筑钢材的分类

钢材按化学成分分为碳素钢和合金钢两大类。碳素钢的化学成分主要是铁和碳，碳含量为0.02%～2.06%，另外含有少量的硅、锰及微量的硫、磷。通常按碳的含量将碳素钢分为：低碳钢（含碳量小于0.25%）、中碳钢（含碳量0.25%～0.6%）和高碳钢（含碳量大于0.6%）。合金钢化学成分除铁和碳外还有一种或多种能够改善钢性能的合金元素，常用的合金元素有锰、硅、铬、铌、钛、钒等。合金钢按合金元素的总含量分为低合金钢（合金元素总含量小于5%）、中合金钢（合金元素总含量5%～10%）和高合金钢（合金元素总含量大于10%）。

钢材中硫、磷为有害元素，按其含量将钢分为普通钢、优质钢和高级优质钢。

建筑用钢主要是碳素结构钢和普通低合金结构钢。

3. 常用建筑钢材

（1）钢筋

钢筋是由轧钢厂将炼钢厂生产的钢锭经专用设备和工艺制成的条状材料。在钢筋混凝土和预应力钢筋混凝土中，钢筋属于隐蔽材料，其品质优劣对工程影响较大。钢筋抗拉能力强，和混凝土粘结成一整体，构成钢筋混凝土构件，就能弥补素混凝土抗剪、抗弯差的缺陷。

1）钢筋牌号

钢筋的牌号是人们给钢筋所取的名字，牌号不仅表明了钢筋的品种，而且还可以大致判断其质量。

按钢筋的牌号分类，钢筋主要可分为 HRB335（HRBF335），HRB400（HRBF400），HRB500（HRBF500），HPB300，CRB550 等。

HRB 为热轧带肋钢筋英文的首字母组成的单词，其中 H 代表热轧，R 代表带肋，B 代表钢筋，后面的阿拉伯数字表示的是钢筋的屈服强度标准值。

HPB 是热轧光圆钢筋的英文首字母组成的单词，其中 H 代表热轧，其中 P 代表光圆，B 代表钢筋。

CRB 是冷轧带肋钢筋的英文首字母组成的单词，其中 C 代表冷轧，R 代表带肋，B 代表钢筋。

工程图纸中，用牌号为 HPB300 碳素结构钢制成的热轧光圆钢筋（包括盘圆）常用符号"φ"表示；牌号为 HRB335 的钢筋混凝土用热轧带肋钢筋常用符号"φ"表示；牌号为 HRB400 的钢筋混凝土用热轧带肋钢筋常用符号"φ"表示，牌号为 HRB500 的钢筋用"φ"表示。

2）常用的品种

工程中经常使用的钢筋品种有：钢筋混凝土用热轧带肋钢筋、钢筋混凝土用热轧光圆钢筋、低碳钢热轧圆盘条、冷轧带肋钢筋、钢筋混凝土用余热处理钢筋等。建筑施工所用钢筋必须与设计相符，并且满足产品标准要求。

①钢筋混凝土用热轧带肋钢筋

钢筋混凝土用热轧带肋钢筋（俗称螺纹钢）是最常用的一种钢筋，它是用低合金高强度结构钢轧制成的条形钢筋，通常带有 2 道纵肋和沿长度方向均匀分布的横肋，按肋纹的形状又分为月牙肋和等高肋。由于表面肋的作用，和混凝土有较大的粘结能力，因而能更好地承受外力的作用，适用于作为非预应力钢筋、箍筋、构造钢筋。热轧带肋钢筋经冷拉后还可作为预应力钢筋。热轧带肋钢筋直径范围为 6～50mm。推荐的公称直径（与该钢筋横截面面积相等的圆所对应的直径）为 6mm、8mm、10mm、12mm、16mm、20mm、25mm、32mm、40mm、50mm。

②钢筋混凝土用热轧光圆钢筋

热轧光圆钢筋是经热轧成型并自然冷却而成的横截面为圆形，且表面为光滑的钢筋混凝土配筋用钢材，其钢种为碳素结构钢，钢筋级别为Ⅰ级，强度代号为HPB300。适用于作为非预应力钢筋、箍筋、构造钢筋、吊钩等。热轧光圆钢筋的直径范围为8～20mm。推荐的公称直径为6mm、8mm、10mm、12mm、16mm、20mm。

③低碳钢热轧圆盘条

热轧盘条是热轧型钢中截面尺寸最小的一种，大多通过卷线机卷成盘卷供应，故称盘条或盘圆。低碳钢热轧圆盘条由屈服强度较低的碳素结构钢轧制，是目前用量最大、使用最广的线材，适用于非预应力钢筋、箍筋、构造钢筋、吊钩等。热轧圆盘条又是冷拔低碳钢丝的主要原材料，用热轧圆盘条冷拔而成的冷拔低碳钢丝可作为预应力钢丝，用于小型预应力构件（如多孔板等）或其他构造钢筋、网片等。热轧盘条的直径范围为5.5～14.0mm。常用的公称直径为5.5mm、6.0mm、6.5mm、7.0mm、8.0mm、9.0mm、10.0mm、11.0mm、12.0mm、13.0mm、14.0mm。

④冷轧带肋钢筋

冷轧带肋钢筋是以碳素结构钢或低合金热轧圆盘条为母材，经冷轧后在其表面带有沿长度方向均匀分布的三面或二面横肋的钢筋。冷轧带肋钢筋适用于预应力混凝土和普通混凝土，也适用于制造焊接网。与热轧圆盘条相比较，冷轧带肋钢筋的强度提高了17%左右。

冷轧带肋钢筋的牌号由CRB和钢筋的抗拉强度最小值构成，分为CRB550、CRB650、CRB800、CRB970四种。其中，CRB550为普通钢筋混凝土钢筋，其他牌号为预应力混凝土钢筋。

CRB550直径范围为$\phi 4 \sim \phi 12$mm，CRB650及以上直径范围为$\phi 4$、$\phi 5$、$\phi 6$。

⑤钢筋混凝土用余热处理钢筋

钢筋混凝土用余热处理钢筋是指低合金高强度结构钢经热轧后立即穿水，进行表面控制冷却，然后利用芯部余热自身完成回火处理所得的成品钢筋。其性能均匀，晶粒细小，在保证良好塑性、焊接性能的条件下，屈服点约提高10%，用作钢筋混凝土结构的非预应力钢筋、箍筋、构造钢筋，可节约材料并提高构件的安全可靠性。余热处理月牙肋钢筋的级别为Ⅲ级，强度等级代号为KL400（其中"K"表示"控制"）。余热处理钢筋的直径范围为8～40mm。推荐的公称直径为8mm、10mm、12mm、16mm、20mm、25mm、32mm、40mm。

（2）型钢

型钢在建筑中主要用于承重结构，通过各种形式和不同规格的型钢组成自重轻、承载力大、外形美观的钢结构。钢结构常用的型钢有工字钢、槽钢、角钢、圆钢、方钢、扁钢等。型钢由于截面形式合理，材料在截面上的分布对受力有利，且构件间的连接方便，因而是钢结构中采用的主要钢材。钢结构用钢的钢种和牌号，主要根据结构的重要性、荷载特征、结构形式、应力状态、连接方法、钢材厚度和工作环境等因素选择。对于承受动力荷载或振动荷载的结构、处于低温环境的结构，应选择韧性好，脆性临界温度低的钢材。对于焊接结构应选择焊接性能好的钢材。我国钢结构用热轧型钢主要采用的是碳素结构钢和低合金高强度结构钢。

4. 技术指标

主要技术指标：

拉伸性能是钢筋的重要性能，屈服强度、抗拉强度、断后伸长率是其重要技术指标。冷弯性能是钢筋使用中不可缺的工艺性能。

钢筋的抗拉强度可通过拉伸试验检验和测定。钢筋拉伸过程中能明显地划分出四个变形阶段，即：弹性阶段、屈服阶段、强化阶段和颈缩阶段。

（1）弹性阶段

钢筋受拉变形，若除掉拉力试样能恢复原状，这种性能称为弹性，产生的变形叫弹性变形。钢筋在工程中的使用范围为弹性变形区域内。

（2）屈服阶段

钢筋受拉超过弹性极限，去掉外力后试样变形也不能完全消失时，表明已出现了塑性变形，直至出现即使拉伸力不再增加，试样的变形依然持续时即进入屈服阶段，此时的应力为屈服点（R_e）。工程设计时，以屈服点为作强度取值的依据。

（3）强化阶段

在屈服阶段之后，因内部晶格畸变抗塑性变形能力又重新提高，这种现象称为强化。当强化阶段走到最高点时，试样微弱处急剧缩小，塑性变形迅速增加。

（4）颈缩阶段

急剧缩小的状态称为颈缩，颈缩发展直到断裂，断裂后对应的应力称为抗拉强度。试样断裂后，断裂后的伸长量与原始长度的百分比称为断后伸长率。

在常温下钢筋承受静力弯曲所允许的变形能力，是建筑钢材工艺性能的技术指标。冷弯性能合格是指钢筋试件在受到规定的弯曲角度和弯心直径条件下，弯曲试件的外表面不发生裂缝、断裂或起层等现象。

【任务实施】

1. 钢筋的进场检验

（1）钢筋的进场检验

钢筋进入施工现场时应按批号及直径分批进行验收，验收的内容主要包括核对标牌、外观检查。标牌上的标记应与产品合格证、出厂检验报告上的相关内容一致。钢筋的外观检查，要求钢筋平直、无损伤、表面不得有裂纹、油污、颗粒状或片状鳞锈。基本要素验收如下：

1）订货和发货资料应与实物一致

①检查发货码单和质量证明书内容是否与建筑钢材标牌标志上的内容相符。

对于钢筋混凝土用热轧带肋钢筋、冷轧带肋钢筋和预应力混凝土用钢材（钢丝、钢棒和钢绞线）应检查生产厂是否有《全国工业产品生产许可证》。其他类型的建筑钢材尚未列入许可发证范围。《全国工业产品生产许可证》可通过国家质量监督检验检疫总局网站（www.aqsiq.gov.cn）进行查询。一般每一捆扎件上都拴有两个产品铭牌，上面注明生产企业名或厂标、牌号、规格、炉罐号、生产日期、带肋钢筋生产许可证标记和编号等内容。如按照国家标准规定，带肋钢筋生产企业应在自己生产的热轧带肋钢筋表面轧上明显的牌号、企业标记和代表直径的阿拉伯数字组成。

②质量证明书内容审核

质量证明书应清晰内容完整，证明书中应注明：供方名称或厂标；需方名称；发货日期；合同号；标准号及水平等级；牌号；炉罐（批）号、交货状态、加工用途、重量、支数或件数；品种名称、规格尺寸（型号）和级别；标准中所规定的各项试验结果（包括参考性指标）及加盖生产单位公章或质检部门检验专用章。如由经销商供应，则质量证明书复印件上应注明购买时间、供应数量、买受人名称、质量证明书原件存放单位及加盖有经销商红色公章。

③质保书与实物

现场钢筋标记与质保书签发是否为同一企业，吊牌是否齐全，品种名称、规格尺寸（型号）和级别是否与质保书内容一致，外观质量是否符合产品标准规定要求等。

2）建立材料台账

建筑钢材进场后，应及时登记台账。如，施工单位建立"建设工程材料采购验收检验使用综合台账"；监理单位可设立"建设工程材料监理监督台账"。

台账中应记录材料名称、规格品种、生产单位、供应单位、进货日期、送货单编号、实收数量、生产许可证编号、质量证明书编号、产品标识（标志）、外观质量情况、材料检验日期、检验报告编号、材料检测结果、工程材料报审表签认日期、使用部位、审核人员签名等。

（2）钢筋的现场存放

当钢筋运到施工现场后，必须严格按批分等级、钢号、直径、长度等挂牌存放。标牌应注明"合格"、"不合格"、"在检"、"待检"等产品质量状态，注明钢材生产企业名称、品种规格、进场日期及数量等内容，并以醒目标识注明，工地应由专人负责建筑钢材收货和发料。有条件的工地，钢筋应尽量存放在仓库或料棚内；当条件不具备时，应选择地势较高、土质坚实、地面平坦的露天场地。在仓库或场地周围应挖排水沟以便及时排除雨水。钢筋的堆放应当将底部架空，离地面不应小于200mm。

钢筋在运输或贮存时，不得损坏标志。钢筋不得和酸、盐、油类等物品放在一起，也不应和可能产生有害气体的车间靠近，以免污染和腐蚀钢筋。

2. 钢筋的取样与复试

（1）钢筋的取样

钢筋进场后，还应按国家有关标准的规定抽取试样做力学性能试验，合格后方可使用。钢筋原材复试的取样批次的要求，见表10-1。

钢筋原材复试的取样批次要求 表 10-1

序号	材料名称及等级	取样批次
1	热轧光圆钢筋	每批由同一牌号、同一炉罐、同一规格的钢筋组成，每批重量通常不大于60t。超过60t的部分，每增加40t（或不足40t的余数），增加一个拉伸试验试样和一个弯曲试验试样
2	热轧带肋钢筋	

续表

序号	材料名称及等级	取样批次
3	冷轧带肋钢筋	同一牌号、同一外型、同一规格、同一生产工艺、同一交货状态每60t为一验收批
4	冷轧扭钢筋	按同一牌号、同一规格尺寸、同一台轧机、同一台班每10t为一验收批，不足10t也按一批计
5	余热处理钢筋	按同一牌号、同一炉罐号、同一规格、同一交货状态每60t为一验收批，不足60t也按一批计
6	碳素结构钢	按同一牌号、同一炉罐号、同一质量等级、同一品种、同一尺寸、同一交货状态每60t为一验收批，不足60t也按一批计
7	预应力混凝土用钢绞线	同一牌号、同一规格、同一生产工艺捻制的钢绞线为一验收批，每批质量不大于60t。从每批钢绞线任取3盘，从每盘所选的钢绞线端部正常部位截取一根进行力学性能试验。如每批少于3盘，则应逐盘进行上述检验
8	预应力混凝土用钢丝	同一牌号、同一规格、同一加工状态的钢丝为一验收批，每批重量不大于60t
9	中强度预应力混凝土用钢丝	同一牌号、同一规格、同一强度等级、同一生产工艺的钢丝为一验收批，每批重量不大于60t
10	预应力混凝土用钢棒	同一牌号、同一规格、同一加工状态的钢棒为一验收批，每批重量不大于60t
11	预应力混凝土用低合金钢丝	拔丝用盘条：同钢筋混凝土用热轧光圆钢筋。钢丝：同一牌号、同一形状、同一尺寸、同一交货状态的钢丝为一验收批
12	一般用途低碳钢丝	同一尺寸、同一锌层级别、同一交货状态的钢丝为一验收批

（2）复试项目

1）钢筋进场复试项目

钢筋原材进场复试的项目见表 10-2。钢筋原材进场复试的试件要送到具有相关检测资质的实验室。

钢筋原材进场复试的项目　　　　　　　　　　　　表 10-2

序号	材料名称及等级	进场复验项目
1	热轧光圆钢筋	必试：拉伸试验（包括下屈服强度、抗拉强度、伸长率）、弯曲试验、重量偏差 其他：反向弯曲、化学成分
2	热轧带肋钢筋	必试：拉伸试验 [包括下屈服强度、抗拉强度、伸长率、最大力总伸长率（牌号带 E 的钢筋）]、弯曲试验、重量偏差 其他：反向弯曲、化学成分
3	冷轧带肋钢筋	必试：拉伸试验（包括规定塑性延伸强度、伸长率）、弯曲试验、重量偏差 其他：松弛率、化学成分
4	冷轧扭钢筋	必试：拉伸试验（包括抗拉强度、伸长率）、弯曲试验、重量、节距、厚度 其他：—
5	余热处理钢筋	必试：拉伸试验 [包括下屈服强度、抗拉强度、伸长率、最大力总伸长率（牌号带 E 的钢筋）]、弯曲试验、重量偏差 其他：反向弯曲、化学成分

续表

序号	材料名称及等级	进场复验项目
6	碳素结构钢	必试：拉伸试验（包括上屈服点、抗拉强度、伸长率）、弯曲试验 其他：断面收缩率、硬度、冲击、化学成分
7	预应力混凝土用钢绞线	必试：整根钢绞线最大力、规定塑性延伸率、最大力总伸长率 其他：弹性模量、松弛率
8	预应力混凝土用钢丝	必试：抗拉强度、伸长率、弯曲试验 其他：屈服强度、松弛率（每季度抽检）
9	中强度预应力混凝土用钢丝	必试：抗拉强度、伸长率、反复弯曲 其他：规定塑性伸长应力、松弛率（每季度抽检）
10	预应力混凝土用钢棒	必试：抗拉强度、断后伸长率、伸直性 其他：规定塑性延伸强度、应力松弛性能
11	预应力混凝土用低合金钢丝	必试：拔丝用盘条：拉伸强度、伸长率、冷弯 钢丝：抗拉强度、伸长率、反复弯曲、应力松弛 其他：—
12	一般用途低碳钢丝	必试：抗拉强度、180°弯曲试验次数、伸长率 其他：—

2）现场钢筋原材料取样方法和数量

钢筋原材取样的方法和数量的要求见表 10-3。

钢筋原材取样的方法和数量表　　　　　　　　　　表 10-3

序号	材料名称及等级	取样方法和数量
1	热轧光圆钢筋	每一验收批，在任选的 2 根钢筋上切取试件（拉伸 2 个、弯曲 2 个），拉伸试件长度宜为 500～600mm，弯曲试件宜为 300～400mm。测量钢筋重量偏差时，试样应从不同钢筋上截取，数量不少于 5 个
2	热轧带肋钢筋	每一验收批，在任选的 2 根钢筋上切取试件（拉伸 2 个、弯曲 2 个），拉伸试件长度宜为 500～600mm，弯曲试件宜为 300～400mm。测量钢筋重量偏差时，试样应从不同钢筋上截取，数量不少于 5 个
3	冷轧带肋钢筋	从每盘任一端截去 50mm 后切取拉伸试件 1 个（逐盘），弯曲试件 2 个（每批），重量偏差试件 1 个（逐盘）
4	冷轧扭钢筋	每批取弯曲试件 1 个，拉伸试件 2 个，测量重量、节距、厚度试件各 3 个。试件取样部位应距钢筋端部不小于 500mm，试件应取偶数倍节距，试件长度不小于 500mm 同时不小于 4 倍节距
5	余热处理钢筋	每一验收批，在任选的 2 根钢筋上切取试件（拉伸 2 个、弯曲 2 个），拉伸试件长度宜为 500～600mm，弯曲试件宜为 300～400mm。测量钢筋重量偏差时，试样应从不同钢筋上截取，数量不少于 5 个
6	碳素结构钢	每批取弯曲试件 1 个，拉伸试件 1 个，拉伸试件长度宜为 500～600mm，弯曲试件长度宜为 300～400mm。矩形试件宽度宜为 30mm
7	预应力混凝土用钢绞线	试件每组取 3 根，每根长度为 900mm

续表

序号	材料名称及等级	取样方法和数量
8	预应力混凝土用钢丝	在每盘钢丝的任一端截取抗拉强度、弯曲和断后伸长率的试验试件各一根。屈服强度和松弛率试验每季度抽检一次，每次不少于 3 根
9	中强度预应力混凝土用钢丝	每盘钢丝的两端取样进行抗拉强度、伸长率、反复弯曲的检验。规定非比例伸长应力和松弛率试验每季度抽检一次，每次不少于 3 根
10	预应力混凝土用钢棒	从任一盘钢棒任意一端截取 1 根试样进行抗拉强度、断后伸长率试验；每批钢棒不同盘中截取 3 根试样进行弯曲试验；每 5 盘取 1 根作为伸直性试验试样；规定非比例延伸强度试样为每批 3 根；应力松弛试验为每条生产线每月不少于 1 根。对于直条钢棒，以切断盘条的盘数为取样依据
11	预应力混凝土用低合金钢丝	拔丝用盘条：同钢筋混凝土用热轧光圆钢筋。 钢丝：从每批中抽取 5%，但不少于 5 盘进行形状、尺寸和表面检查。从上述检查合格的钢丝中抽取 5%，优质钢抽取 10%，不少于 3 盘，拉伸试验每盘一个（任意端），不少于 5 盘，反复弯曲试验每盘一个（任意端去掉 500mm 后取样）
12	一般用途低碳钢丝	从每批中抽取 5%，但不少于 5 盘进行形状、尺寸和表面检查。从上述检查合格的钢丝中抽取 5%，优质钢抽取 10%，不少于 3 盘，拉伸试验、反复弯曲试验每盘各一个（任意端）

3. 热轧带肋钢筋、热轧光圆钢筋试验方法

（1）重量偏差试验

测量钢筋重量偏差时，试样应从不同根钢筋上截取，数量不少于 5 支，每只试样长度不小于 500mm。长度应逐支测量，应精确到 1mm。测量试样总重量时，应精确到不大于总重量的 1%。检验结果的数值修约与判定应符合 YB/T081 的规定。

钢筋实际重量与理论重量的偏差（%）按式（10-1）计算：

$$重量偏差 = \frac{试样实际总重量-（试样总长度×理论重量）}{试样总长度×理论重量} \times 100 \qquad (10\text{-}1)$$

（2）拉伸试验

1）主要仪器设备

①万能试验机（图 10-1）应按照 GB/T 16825 进行检验，并应为 1 级或优于 1 级准确度。量程选择应以所测量值处于该试验机最大量程的 20% ~ 80% 范围内。

②支辊式弯曲装置、V 形模具式弯曲装置或虎钳式弯曲装置。

2）横截面积的确定

如果试样的尺寸公差和形状公差均满足相应的标准要求，可以用名义尺寸计算原始横截面积。

3）试验步骤

①将试件固定在试验机夹具内，应使试件在加荷时受轴向拉力作用。

②调整试验机测力度盘指针，使其对准零点，拨动副指针使之与主指针重叠。

图 10-1 万能试验机

③开动试验机进行拉伸，在弹性范围和直至上屈服强度，试验机夹头的分离速率应尽可能保持恒定并在表 10-4 规定的应力速率范围内。

应力速率 表 10-4

钢筋的弹性模量E（MPa）	应力速率R（MPa.s^{-1}）	
	最小	最大
< 150000	2	20
≥ 150000	6	60

注：钢筋的弹性模量约为 2×10^5MPa。

4）结果计算

①屈服强度 R_{eL}，按式（10-2）计算：

$$R_{eL} = \frac{F_{eL}}{S_0}$$ (10-2)

②抗拉强度 R_m，按式（10-3）计算：

$$R_m = \frac{F_m}{S_0}$$ (10-3)

③断后伸长率

选取拉伸前标记间距为 $5a$（a 为钢筋公称直径）的两个标记为原始标距（L_0）的标记。原则上只有断裂处与最接近的标记的距离不小于原始标距的 1/3 的情况方为有效。但断后伸长率大于或等于规定值，不管断裂位置处于何处测量均为有效。

将已拉断试件的两段，在断裂处对齐使其轴线处于同一直线上，并确保试件断裂部位适当接触后测量试件断裂后标距，准确到 ±0.25mm。

按式（10-4）计算断后伸长率 A：

$$A = \frac{L_u - L_0}{L_0} \times 100$$ (10-4)

式中　A——断后伸长率，%；

　　　L_u——断后标距，mm；

　　　L_0——原始标距，mm。

④最大力总伸长率 A_{gt}（%）

在试样自由长度范围内，均匀划分为 10mm 或 5mm 的等间距标记。选择 Y 和 V 两个标记，这两个标记之间的距离在拉伸试验之前至少应为 100mm。两个标记都应当位于夹具离断裂点最远的一侧。两个标记离开夹具的距离都应不小于 20mm 或钢筋公称直径 d（取二者之较大者）；两个标记与断裂点之间的距离应不小于 50mm 或 2d（取二者之较大者）。

$$A_{gt} = [\frac{L - L_0}{L} + \frac{R_m^0}{E}] \times 100$$ (10-5)

式中　L——如图 10-2 所示断裂后的距离（mm）；

　　　L_0——试验前同样标记间的距离（mm）；

　　　R_m^0——抗拉强度实测值（MPa）；

　　　E——弹性模量，其值可取 2×10^5MPa。

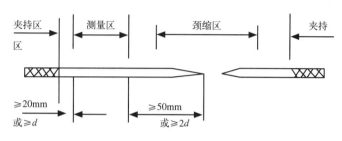

夹持区

测量区

颈缩区

夹持

区

≥20mm

或≥d

≥50mm

或≥2d

图 10-2　断裂后的测量

（3）弯曲试验

试样在给定的条件和力作用下弯曲至规定的弯曲角度。

弯曲试验时应当缓慢地施加弯曲力，以使材料能够自由地进行塑性变形。当出现争议时，试验速率应为 1 ± 0.2mm/s。

一般按相关产品标准评定弯曲试验结果，如无具体规定时，弯曲试验后试样弯曲外表面无肉眼可见裂纹应评为合格。

（4）复验和判定

钢材的上述检验如有某一项试验结果不符合标准要求，则从同一批中再任取双倍数量的试样进行该不合格项目的复验。复验结果有一个指标不合格，则判定整批不合格。

【能力测试】

1. 简答题

（1）钢材的化学成分对其性能有何影响？

（2）混凝土结构中常用的建筑钢材有哪些？每种如何选用？可以列表说明。

2. 分析题

热轧带肋钢筋的牌号如何表示？某批热轧带肋钢筋的牌号为 HRB335，按规定抽取两根试件作拉伸试验、直径为 16mm，原标距长 80mm，达到屈服点时的荷载分别为72.4kN、72.2kN，达到极限抗拉强度时的荷载分别为 105.6kN、107.4kN 拉断后，测得标距部分长分别为 95.8mm、94.7mm。根据以上试验数据，判断钢筋的拉伸试验项目是否合格？

模块 11
砖和砌块

【模块概述】

砖和砌块属于墙体材料，是建筑工程中十分重要的材料，在房屋建材中占有很大比重。在建筑中墙体材料不但具有结构、维护功能，还可以美化环境。墙体材料的合理选用与安全保质的施工对建筑的功能、安全及造价等均具有重要意义。本模块划分为两个项目：砖的质量检测和砌块的质量检测两个项目，着重介绍砖和砌块两种材料的材料性能和质量控制方法。

【学习目标】

(1) 理解砖和砌块的基本概念，理解砖和砌块的分类和技术指标。
(2) 熟悉常用砖和砌块材料检测依据。
(3) 理解砖和砌块的质量控制意义，熟悉砖、砌块的必试项目与试验方法。
(4) 能看懂材料的检测结果，能够进行材料质量分析。

项目 1　砖的质量检测

【项目概述】

1. 项目描述

砖作为民用与工业建筑的地下基础及地上墙体等重要建筑材料目前仍然被广泛应用。砖的质量建筑物构件的质量与安全，为了保证工程质量，需要对使用的砖进行进场检验、复试，对试验结果进行评定。本项目是依据国家及行业标准，根据施工图纸的要求，对施工所用的砖进行质量检测。通过本项目学习，应了解常用砖的分类、特点、技术指标、取样要求、必试项目和试验方法以及试验结果的数据处理和结果分析。

2. 检验依据

（1）《砌墙砖检验规则》JC 466-92（96）

（2）《砌墙砖试验方法》GB/T 2542-2012

（3）《烧结普通砖》GB 5101-2003

（4）《烧结多孔砖和多孔砌块》GB/T 13544-2011

（5）《烧结空心砖和空心砌块》GB/T 13545-2014

（6）《粉煤灰砖》JC/T 239-2014

（7）《蒸压灰砂砖》GB 11945-1999

（8）《蒸压灰砂多孔砖》JC/T 637-2009

（9）《混凝土普通砖和装饰砖》NY/T 671-2003

（10）《混凝土实心砖》GB/T 21144-2007

（11）《砌体工程施工质量验收规范》GB 50203-2011

【学习支持】

1. 砖的概念

砖主要是以黏土、工业废料或其他地方资源为主要原料，用不同工艺制成的，用于砌筑的承重墙和非承重墙的墙砖，也有用于装饰的装饰砖。

砖按照生产工艺可按表 11-1 分类。

砖的分类 表 11-1

砖	烧结砖	烧结普通砖	黏土砖、页岩砖、煤矸石砖、粉煤灰砖
		烧结多孔砖	P 型多孔砖、M 型多孔砖
		烧结空心砖	
	非烧结砖	蒸压灰砂砖、粉煤灰砖、混凝土普通砖和装饰砖、混凝土实心砖、煤渣砖、矿渣砖、碳化灰砂砖、煤矸石砖等	

烧结普通砖是以黏土、页岩、煤矸石、粉煤灰为主要原料经焙烧而成的普通砖。

烧结多孔砖是以黏土、页岩、煤矸石、粉煤灰为主要原料，经焙烧而成主要用于承重部位的多孔砖。

烧结空心砖和空心砌块是以黏土、页岩、煤矸石、粉煤灰为主要原料，经焙烧而成主要用于非承重部位的空心砖和空心砌块。

粉煤灰砖是以粉煤灰、石灰或水泥为主要原料，掺加适量石膏、外加剂、颜料和骨料等，经坯料制备、成型、高压或常压蒸汽养护而制成的实心砖。

混凝土普通砖是以水泥和普通骨料或轻骨料为主要原料，经原料制备、加压或振动加压、养护而制成，用于工业与民用建筑基础和墙体的实心砖。

混凝土装饰砖是用于清水墙或带有装饰面用于墙体装饰的混凝土普通砖。

混凝土实心砖是以水泥、骨料，以及需要加入的掺合料、外加剂等，经加水搅拌、成型、养护制成的实心砖。

2. 砖的技术指标

砖的技术指标主要有：砖的尺寸偏差、砖的外观质量（垂直度差、高度差、弯曲、杂质凸出高度、裂纹长度等）、砖的强度等级、干燥收缩性能、碳化性能、泛霜、石灰爆裂、抗冻性能、密度等级、吸水率等。

对于不同种类的砖，各项技术指标规范中有具体的规定和要求，参照本单元前述"检验依据"中相应的规范内容。下面列举几种常见的砖，简述其技术指标。

（1）普通黏土砖

各项技术要求应符合《烧结普通砖》GB 5101-2003 的规定。强度、抗风化性能和放射性物质合格的砖，根据尺寸偏差、外观质量、泛霜和石灰爆裂分为优等品（A）、一等品（B）、合格品（C）三个质量等级。优等品用于清水墙，一等品、合格品砖可用于混水墙，中等泛霜的砖不能用于潮湿部位。其强度等级根据抗压强度平均值、抗压强度标准值和单块砖最小抗压强度值划分为 MU30、MU25、MU20、MU15、MU10 共五个等级。

普通黏土烧结砖具有一定的强度及隔热、隔声、耐久等优点，主要用于建筑物承重墙体的砌筑，也可用于砌筑柱、拱、烟囱、沟道及建筑物的基础等。

（2）烧结多孔砖

多孔砖为大面有孔洞的砖。孔的数量较多但孔径较小，多用黏土、页岩、煤矸石为主要原料，孔洞率大于 15%。使用时应垂直于受压面，常用于建筑物承重墙的砌筑。根据强度、抗风化性能，按尺寸偏差、外观质量、孔型及孔洞排列、泛霜和石灰爆裂分为优等品（A）、一等品（B）和合格品（C）三个质量等级。

多孔砖用于砖混结构中的承重墙体砌筑，可以代替普通烧结黏土砖。优等品可用于装饰墙体和清水砖墙的砌筑，一等品和合格品可用于混水砖墙和砌筑，中等泛霜的不准用于潮湿部位。

（3）黏土空心砖

空心砖的孔洞较大数量较少，孔形多为矩形条孔或其他形状，孔洞率不低于 35%。在与砂浆等粘结材料的接合面上应做同深度在 1mm 以上凹线槽，以保证砌体的粘结强度。根据砖的孔洞及排数、尺寸偏差、外观质量、强度等级和物理性能分为优等品（A）、一等品（B）和合格品（C）三个质量等级。

空心砖具有孔数少、孔径大的特点，就使用性能上看有较好的保温、隔热功能，多用于多层建筑的隔断墙和填充墙的砌筑。

（4）蒸养（压）灰砂砖

蒸养（压）灰砂砖是以砂子、粉煤灰、煤矸石、炉渣和页岩等含硅的材料作基料，以石灰作胶结材料，加水拌和，经压制成坯，蒸汽养护或蒸压养护而成。根据外观质量、尺寸偏差、强度和抗冻性在质量上分为优等品（A）、一等品（B）和合格品（C）三个等级。

强度等级为 MU25、MU20 和 MU115 的灰砂砖可用于一般建筑的基础和墙体的砌筑；强度等级为 MU10 的灰砂砖可用于防潮以上的墙体砌筑，不适合用于受急冷急热和有酸性侵蚀的建筑部位，也不能用于有流水冲刷的部位。

【任务实施】

1. 砖的进场检验

（1）进场砖的外观质量检查

依据《砌墙砖试验方法》GB/T 2542-2012，常规试验包括以下几个方面：

1）尺寸测量

①仪器设备

砖用卡尺，分度值为 0.5mm。

②测量方法

长度应在砖的两个大面的中间处分别测量两个尺寸；宽度应在砖的两个大面的中间处分别测量两个尺寸；高度应在砖的两个条面的中间处分别测量两个尺寸。当被测处有缺损或凸出时，可在其旁边测量，但应选择不利的一侧，精确至 0.5mm。

③结果表示

每一方向尺寸以两个测量值的算术平均值表示，精确至 1mm。

2）外观质量

①仪器设备

砖用卡尺：分度值为 0.5mm；钢直尺：分度值为 1mm。

②检验方法

A. 缺损

缺棱掉角在砖上造成的破损程度，以破损部分对长、宽、高三个棱边的投影尺寸来度量，称为破坏尺寸。缺损造成的破坏面，系指缺损部分对条、顶面（空心砖为条、大面）的投影面积，空心砖内壁残缺及肋残缺尺寸，以长度方向的投影尺寸来度量。

B. 裂纹

裂纹分为长度方向、宽度方向和水平方向三种，以被测方向的投影长度表示。如果裂纹从一个面延伸至其他面上时，则累计其延伸的投影长度。

多孔砖的孔洞与裂纹相通时，则将孔洞包括在裂纹内一并测量。

裂纹长度以在三个方向上分别测得的最长裂纹作为测量结果。

C. 弯曲

弯曲分别在大面和条面上测量，测量时将砖用卡尺的两支脚沿棱边两端放置，择其弯曲最大处将垂直直尺推至砖面。但不应将因杂质或碰伤造成的凹处计算在内。以弯曲中测得的较大者作为测量结果。

D. 杂质凸出高度

杂质在砖面上造成的凸出高度，以杂质距砖面的最大距离表示。测量将砖用卡尺的两支脚置于凸出两边的砖平面上，以垂直尺测量。

E. 色差

饰面朝上随机分为两排并列，在自然光下距离砖样 2m 处目测。

3）结果处理

外观测量以毫米为单位，不足 1mm 者，按 1mm 计。

（2）砖和砌块的储运

1）搬运过程中应注意轻拿轻放，严禁上下抛掷，不得用翻斗车运卸。

2）装车时应侧放，并尽量减少砖堆或砌块间的空隙。空心砖、空心砌块更不得有空隙，如有空隙，应用稻草、草帘等柔软物填实，以免损坏。

3）砖和砌块均应按不同品种、规格、强度等级分别堆放，堆放场地要坚实、平坦、便于排水。垛与垛之间应留有走道，以利搬运。

4）砖和砌块在施工现场的堆垛点应合理选择，垛位要便于施工，并与车辆频繁的道路保持一定距离。中型砌块的堆放地点，宜布置在起重设备的回转半径范围内，堆垛量应经常保持半个楼层的配套砌块量。

5）砌块应上下皮交叉、垂直堆放，顶面两皮叠成阶梯形，堆高一般不超过 3m。空心砌块堆放时孔洞口应朝下。

6）砖垛要求稳固，并便于计数。因此垛法以交错重叠为宜，在使用小砖夹装卸时，须将砖侧放，每 4 块顶顺交叉，16 块为一层。垛高有两种：一种是 12 层，垛顶平放 8 块砖，每垛 200 块；另一种是 15 层，垛顶平放或侧放 10 块砖，每垛 250 块。还可根据现场情况将小垛进行组合，密堆成大垛。堆垛后，可用白灰在砖垛上做好标记，注明数量，以利保管、使用。

2. 砖的取样与复试

（1）砖的取样与复试项目

常见砖（砌墙砖）的必试项目、组批规则及取样规定见表 11-2。

常见砖（砌墙砖）的必试项目、组批规则及取样规定　　　　　　表 11-2

材料名称	验收规范及产品标准	验收检验项目	试验中心检验项目	组批规则	试样数量	抽样方法
烧结普通砖	《砌体工程施工质量验收规范》GB 50203–2011 《烧结普通砖》GB 5101–2003 强度等级：MU10、MU15、MU20、MU25、MU30	必试：抗压强度 其他：抗风化、泛霜、石灰爆裂、抗冻	1. 抗压强度 2. 外观质量尺寸偏差 3. 放射性	以同一产地、同一规格不超过 15 万块为一验收批，不足者按一批计	1. 抗压强度 10 块； 2. 放射性 4 块； 3. 送样 15～20 块	从外观质量和尺寸偏检验均合格的产品中随机抽取试样
烧结多孔砖和多孔砌块	《砌体工程施工质量验收规范》GB 50203–2011 《烧结多孔砖和多孔砌块》GB 13544–2011 强度等级：MU30、MU25、MU20、MU15、MU10	必试：抗压强度 其他：冻融、泛霜、石灰爆裂、吸水率	1. 抗压强度 2. 外观质量尺寸偏差 3. 砖吸水率	以同一产地、同一规格、不超过 3.5 万～15 万块为一验收批，不足按 3.5 万块一批计	1. 抗压强度 10 块； 2. 吸水率 5 块； 3. 送样 15～20 块	从外观质量和尺寸偏差检验均合格中随机抽取试样

续表

材料名称	验收规范及产品标准	验收检验项目	试验中心检验项目	组批规则	试样数量	抽样方法
烧结空心砖和空心砌块	《砌体工程施工质量验收规范》GB 50203-2011《烧结空心砖和空心砌块》GB/T 13545-2014 强度等级：MU10、MU7.5、MU5.0、MU3.5、MU2.5	必试：抗压强度（大条面）其他：密度、冻融、泛霜、石灰爆裂、吸水率	1. 抗压强度 2. 外观质量尺寸偏差 3. 砖吸水率 4. 密度 5. 放射性	以同一产地、同一规格、3.5万～15万块为一验收批，不足者按 3.5 万块一批计	1. 抗压强度 5 块；2. 密度 5 块；3. 放射性 3 块；4. 送样 15～20 块	从外观和尺寸偏差检验均合格品中随机抽取试样
蒸压灰砂砖	《砌体工程施工质量验收规范》GB 50203-2011《蒸压灰砂砖》GB 11945-1999 MU25、MU20、MU15、MU10	必试：抗折强度、抗压强度 其他：抗冻性、密度	1. 抗压强度 2. 抗折强度 3. 外观质量尺寸偏差	以同一产地、同一规格、10万块为一验收批不足者按一批计	1. 抗压强度 5 块；2. 抗折强度 5 块 3. 送样 10～15 块	从外观和尺寸偏差检验均合格的样品中随机抽取试样
粉煤灰砖	《砌体工程施工质量验收规范》GB 50203-2011《粉煤灰砖》JC/T 239-2014 MU30、MU25、MU20、MU15、MU10	必试：抗折强度、抗压强度 其他：干燥收缩	1. 抗压强度 2. 抗折强度 3. 外观质量尺寸偏差	以同一产地、同一规格、10万块为一验收批不足者按一批计	1. 抗压强度 10 块；2. 抗折强度 10 块；3. 送样 20～25 块	从外观和尺寸偏差检验均合格的样品中抽取试样

（2）砖的抗压强度试验

抗压强度试验按《砌墙砖试验方法》GB/T 2542-2012 进行，试样数量为 10 块。

1）仪器设备

材料试验机：试验机的示值相对误差不大于 ±1%，其下加压板应为球铰支座，预期最大破坏荷载应在量程的 20%～80% 之间。

钢直尺：分度值不应大于 1mm。

震动台、制样模具、搅拌机、切割设备、抗压强度试验用净浆材料。

2）样品数量及制备

①一次成型制样

一次成型制样适用于采用样品中间部位切割，交错叠加灌浆制成强度试验试样的方式。

将试样锯成两个半截砖，两个半截砖用于叠合部分的长度不得小于 100mm。如果不足 100mm，应另取备用试样补足。

将已切割开的半截砖放入室温的净水中浸 20～30min 后取出，在铁丝网架上滴水 20～30min，以断口相反方向装入制样模具中。用插板控制两个半砖间距不应大于 5mm，砖大面与模具间距不应大于 3mm，砖断面、顶面与模具间垫以橡胶垫或其他密封材料，模具内表面涂油或脱模剂。将净浆材料按照配制要求，置于搅拌机中搅拌均匀。将装好试样的模具置于振动台上，加入适量搅拌均匀的净浆材料，振动时间为0.5～1min，停止振动，静置至净浆材料达到初凝时间（约15～19min）后拆模。

②二次成型制样

二次成型制样适用于采用整块样品上下表面灌浆制成强度试验试样的方法。将整块试样放入室温的净水中浸20～30min后取出，在铁丝网架上滴水20～30min。按照净浆材料配制要求，置于搅拌机中搅拌均匀。模具内表面涂油或脱模剂，加入适量搅拌均匀的净浆材料，将整块试样一个承压面与净浆接触，装入制样模具中，承压面找平层厚度不应大于3mm。接通振动台电源，振动0.5～1min，停止振动，静置至净浆材料初凝（约15～19min）后拆模。按同样方法完成整块试样另一承压面的找平。

③非成型制样

非成型制样适用于试样无需进行表面找平处理制样的方式。将试样锯成两个半截砖，两个半截砖用于叠合部分的长度不得小于100mm。如果不足100mm，应另取备用试样补足。两半截砖切断口相反叠放，叠合部分不得小于100mm，即为抗压强度试样。

④混凝土实心砖

A.高度≥40mm，＜90mm的混凝土实心砖试样制备：

将试样切断或锯成两个半截砖，断开的半截砖长不得小于90mm，如果不足90mm，应另取备用试样不足；在试样制备平台上，将已断开的两个半截砖的坐浆面用不滴水的湿抹布擦拭后，以断口相反方向叠放，两者中间抹以厚度不超过3mm、用强度等级42.5的普通硅酸盐水泥调成稠度适宜的水泥净浆粘结，水灰比不大于0.3，上下两面用厚度不超过3mm的同种水泥浆抹平。制成的试件上下两面须相互平行，并垂直于侧面。

B.高度≥90mm的混凝土实心砖试样制备：

试件制作采用坐浆法操作，即将玻璃板置于试件制备平台上，其上铺一张湿的垫纸，纸上铺一层厚度不超过3mm的用强度等级42.5的普通硅酸盐水泥调成稠度适宜的水泥净浆，将试样的坐浆面用湿抹布湿润后，将受压面平稳地坐放在水泥浆上，在另一受压面上稍加压力，使整个水泥层与砖受压面相互粘结，砖的侧面应垂直于玻璃板。待水泥浆适当凝固后，连同玻璃板翻放在另一铺纸浆的玻璃板上，再进行坐浆，用水平尺校正好玻璃板的水平。

3）试样养护

一次成型制样、二次成型制样在不低于10℃的不通风室内养护4h。

非成型制样不需养护，试样气干状态直接进行试验。

4）试验方法

测量每个试件连接面或受压面的长、宽尺寸各两个，分别取其平均值，精确至1mm。将试件平放在加压板的中央，垂直于受压面加荷，应均匀平稳，不得发生冲击和或振动。加荷速度以2～6kN/s为宜，记录最大破坏荷P。

5）结果计算

①计算每块试样的抗压强度，精确至0.1MPa。

$$F_p = \frac{P}{LB} \tag{11-1}$$

式中　F_p——抗压强度（MPa）；

　　　P——最大破坏荷载（N）；

　　　L——受压面的长度（mm）；

　　　B——受压面的宽度（mm）。

②试件平均抗压强度按式（11-2）计算，精确至 0.1MPa。

$$\overline{F} = \frac{F_1 + F_2 + F_3 + F_4 + F_5 + F_6 + F_7 + F_8 + F_9 + F_{10}}{LB} \tag{11-2}$$

③抗压强度标准差按式（11-3）计算，精确至 0.01MPa。

$$S = \sqrt{\frac{1}{9} \sum_{i=1}^{10} (F_i - \overline{F})^2} \tag{11-3}$$

④变异系数按式（11-4）计算，精确至 0.01。

$$\delta = \frac{S}{\overline{F}} \tag{11-4}$$

⑤强度标准值 f_k 按式（11-5）计算，精确至 0.01MPa。

$$f_k = \overline{F} - 1.8s \tag{11-5}$$

⑥评定

A. $\delta \leqslant 0.21$ 时，用平均值—标准值方法评定；

B. 当 $\delta > 0.21$ 或无变异系数 δ 要求时，用平均值—最小值方法评定；

C. 算术平均值、标准值、单块最小值计算精确至 0.1MPa。

【能力测试】

测试题目：某砖混结构房屋，墙体砌筑材料选用 MU10 烧结普通砖和 M5 混合砂浆。根据本项目所学内容完成该项目所用砖的质量检验。

成果要求：列出进场检验项目、检验方法和标准，取样要求和复试项目，并填写试验报告。

提示：

试验报告见表 11-3。本试验报告采用工程实际用表（表 C4-14）。

砖（砌块）试验报告（表 C4-14）　　　　　　　　　　表 11-3

砖（砌块）试验报告 表 C4—14	资料编号	
	试验编号	
	委托编号	

续表

工程名称			试样编号	
委托单位			试验委托人	
强度等级		密度等级		代表数量	
试件处理日期		来样日期		试验日期	

烧结普通砖

抗压强度平均值 f（MPa）		变异系数 $\delta < 0.21$		变异系数 $\delta \geq 0.21$	
		强度标准值 f_k（MPa）		单块最小强度值 f_k（MPa）	

轻集料混凝土小型空心砌块

| 砌块抗压强度（MPa） | | | 砌块干燥表观密度（kg/m³） |
| 平均值 | | 最小值 | |

其他种类

抗压强度（MPa）						抗折强度（MPa）	
平均值	最小值	大面		条面		平均值	最小值
		平均值	最小值	平均值	最小值		

（左侧竖排：试验结果）

结论：

批准		审核		试验	
试验单位					
报告日期					

项目 2　砌块的质量检测

【项目概述】

1. 项目描述

砌块是另外一种重要的墙体材料。砌块产品具有保护耕地、节约能源，充分利用地方资源和工业废渣，劳动生产率高，建筑综合功能和效益好等优点，符合可持续发展的要求。已经成为我国增长速度快，应用范围广的新型墙体材料。本项目是依据国家及行业标准，根据施工图纸的要求，对施工所选用的砌块进行质量检测。通过本项目学习，应了解常用砌块的分类、特点、技术指标、取样要求、必试项目和试验方法以及试验结果的数据处理和结果分析。

2. 检测依据

（1）《砌体工程施工质量验收规范》GB 50203－2011

（2）《混凝土砌块和砖试验方法》GB/T 4111－2013

（3）《烧结多孔砖和多孔砌块》GB 13544－2011

（4）《烧结空心砖和空心砌块》GB/T 13545－2003

（5）《普通混凝土小型砌块》GB/T 8239－2014

（6）《轻集料混凝土小型空心砌块》GB/T 15229－2011

（7）《蒸压加气混凝土砌块》GB 11968－2006

（8）《蒸压加气混凝土性能试验法》GB/T 11969－2008

【学习支持】

1. 砌块的概念

（1）概念

砌块是指砌筑用的人造块材，外形多为直角六面体，也有各种异型的。砌块按用途分为承重砌块与非承重砌块；按有无空洞分为实心砌块与空心砌块；按使用原材料分为硅酸盐混凝土砌块与轻集料混凝土砌块；按生产工艺分为烧结砌块与蒸压蒸养砌块；按产品规格分为大、中型砌块和小型砌块。

凡以钙质材料和硅质材料为基本原料（如水泥、水淬矿渣、粉煤灰、石灰、石膏等），经磨细，以铝粉为发气材料（发气剂），按一定比例配合，再经过料浆浇注，发气成型，坯体切割，蒸压养护等工艺制成的一种轻质、多孔、块状墙体材料称为蒸压加气混凝土砌块。

粉煤灰小型空心砌块是以粉煤灰、水泥、各种轻重集料、水为主要组分（也可以加入外加剂等），拌合制成的小型空心砌块。

普通混凝土砌块是以普通混凝土制成的砌块。

轻集料混凝土砌块是以轻集料混凝土制成的砌块。

目前常用的砌块有普通混凝土小型空心砌块、轻集料混凝土小型空心砌块、蒸压加气混凝土砌块。

（2）砌块专用术语

砌块产品有许多专用术语（图 11-1、图 11-2）。

1）长：直角六面体的砌块一般设计使用状态水平面长边尺寸。

2）宽：直角六面体的砌块一般设计使用状态水平面短边尺寸。

3）高：直角六面体的砌块一般设计使用状态竖向尺寸。

4）外壁：空心砌块与墙面平行的外层部分。

5）肋：空心砌块孔与孔之间的间隔部分以及外壁与外壁之间的连接部分。

6）铺浆面：砌块承受垂直荷载且朝上的面。空心砌块指壁和肋较宽的面。

7）坐浆面：砌块承受垂直荷载且朝下的面。空心砌块指壁和肋较窄的面。

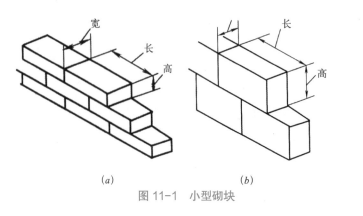

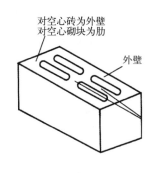

图 11-1 小型砌块

图 11-2 小型空心砌块

2. 常用砌块的技术指标

（1）普通混凝土小型砌块

普通混凝土小型空心砌块是混凝土小型砌块中的主要品种之一，它是以水泥、粗骨料石子、细骨料砂、水为主要原材料，必要时加入外加剂，按一定比例（质量比）计量配料、搅拌、成型、养护而成的建筑砌块（图 11-3）。按其强度等级分为 MU5.0、MU7.5、MU10.0、MU15.0、MU20.0、MU25.0 六个强度级别。产品具有强度高、自重轻、耐久性好、外形尺寸规整，部分类型的混凝土砌块还具有美观的饰面以及良好隔热性能等特点，应用范围十分广泛。

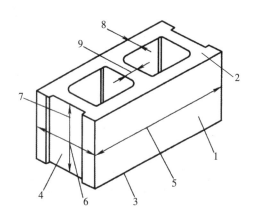

图 11-3 普通混凝土小型空心砌块

1—条面；2—坐浆面（肋厚较小的面）；3—铺浆面（肋厚较大的面）；
4—顶面；5—长度；6—宽度；7—高度；8—壁；9—肋

普通混凝土小型空心砌块的技术指标包括：尺寸偏差、外观质量、强度等级、相对含水率、抗渗性和抗冻性等。

普通混凝土小型空心砌块的主规格尺寸为 390mm×190mm×190mm，其他规格尺寸可由供需双方协商。其最小外壁厚应不小于 30mm，最小肋厚应不小于 25mm。空心率应不小于 25%。按尺寸偏差其可分为优等品（A）、一等品（B）和合格品（C）三个等级。

（2）轻骨料混凝土小型空心砌块

轻骨料混凝土小型空心砌块是以水泥、轻骨料、水为主要原材料，按一定比例（质量比）计量配料、搅拌、成型、养护而成的一种轻质墙体材料。其分为 MU10.0、MU7.5、MU5.0、MU3.5、MU2.5 共五个强度等级，轻骨料混凝土小型空心砌块通常具有质轻、高强、热工性能好、抗震性能好、利废等特点，被广泛应用于建筑结构的内外墙体材料，尤其是热工性能要求较高的围护结构上。

轻骨料混凝土小型空心砌块的主规格尺寸为 390mm × 190mm × 190mm，其他规格尺寸可由供需双方协商。轻骨料混凝土小型空心砌块按尺寸偏差分为一等品（B）和合格品（C）二个等级。

（3）粉煤灰混凝土小型空心砌块

粉煤灰混凝土小型空心砌块是指以粉煤灰、水泥、各种轻重骨料、水为主要组分，经拌合、成型、养护而制成的小型空心砌块。按其强度等级分为 MU3.5、MU5、MU7.5、MU10、MU15、MU20 六个强度等级，具有质轻、高强、热工性能好、利废等特点。粉煤灰混凝土小型空心砌块的技术性能指标包括：尺寸偏差、外观质量、密度等级、抗压强度、干燥收缩率、相对含水率、抗冻性、碳化系数、软化系数、放射性。

粉煤灰混凝土小型空心砌块的主规格尺寸为 390mm × 190mm × 190mm，其他规格尺寸可由供需双方商定。其最小外壁厚应不小于 20mm（用于承重墙体应不小于 30mm），最小肋厚应不小于 15mm（用于承重墙体应不小于 25mm）。

（4）蒸压加气混凝土砌块

蒸压加气混凝土砌块是以水泥、石灰、砂、粉煤灰、发气剂、气泡稳定剂和调节剂等为主要原料，经磨细、计量配料、搅拌、浇注、发气膨胀、静停、切割、蒸压养护、成品加工和包装等工序制成的多孔混凝土制品。按主要原材料产品分为（粉煤灰）蒸压加气混凝土砌块和（砂）蒸压加气混凝土砌块两种。具有质轻、高强、保温、隔热、吸声、防火、可锯、可刨等特点。蒸压加气混凝土砌块有 A1.0、A2.0、A2.5．A3.5、A5.0、A7.5．A10.0 共七个强度级别。

蒸压加气混凝土砌块主要用于框架结构、现浇混凝土结构建筑的外墙填充、内墙隔断，也可用于抗震圈梁构造多层建筑的外墙或保温隔热复合墙体，有时也用于建筑物屋面的保温和隔热。同样，由于收缩大，因此在建筑物的以下部位不得使用蒸压加气混凝土砌块：建筑物 ±0.000 以下（地下室的非承重内隔墙除外）；长期浸水或经常干湿交替的部位；受化学侵蚀的环境，如强酸、强碱或高浓度二氧化碳等；砌块表面经常处于80℃以上的高温环境。

【任务实施】

1. 砌块的进场检验

（1）进场砌块的外观质量检查

下面以典型的混凝土小型空心砌块和蒸压加气混凝土砌块为例，介绍砌块外观检查项目和方法。

1) 混凝土小型空心砌块外观检查

①仪器设备

钢直尺,精度1mm。

②检查方法

A. 尺寸测量:长度在条面的中间,宽度在顶面的中间,高度在顶面的中间测量。每项在对应两面各测一次,精确到1mm;壁、肋厚在最小部位测量,每选两处各测一次,精确至1mm。试件的尺寸偏差以实际测量的长度、宽度和高度与规定尺寸的差值表示。

B. 弯曲检查:将直尺贴靠坐浆面,铺浆面和条面,测量直尺与试件之间的最大间距,精确至1mm。

C. 缺棱掉角检查:将直尺贴靠棱边,测量缺棱掉角在长、宽、高三个方向的投影尺寸,精确至1mm。

D. 裂纹检查:用钢直尺测量裂纹在所在面上的最大投影尺寸,如裂纹由一个面延伸到另一个面时则累计其延伸的投影尺寸,精确至1mm。

E. 弯曲、缺棱掉角和裂纹长度的测量结果以最大测量值表示。

2) 蒸压加气混凝土的外观检查

①仪器设备

钢直尺、钢卷尺、深度游标卡尺,最小刻度为1mm。

②检查方法

A. 尺寸测量:长度、高度、宽度分别在两个对应面的端部测量,各测量两个尺寸。测量值大于规格尺寸的取最大值,测量值小于规格尺寸的取最小值。

B. 缺棱掉角:缺棱或掉角个数,目测;测量砌块破坏部分对砌块的长、宽、高三个方向的投影尺寸。

C. 平面弯曲:测量弯曲面的最大缝隙尺寸。

D. 裂纹:裂纹条数,目测;长度以所在面最大的投影尺寸为准,若裂纹从一面延伸到另一面,则以两个面上的投影尺寸之和为准。

E. 爆裂、粘膜和损坏深度:将钢尺平放在砌块表面,用深度游标卡尺垂直于钢尺,测量其最大深度。

F. 砌块表面的油污、表面疏松、层裂:目测。

(2) 砌块的储运

内容详见本模块的项目1。

2. 砌块的取样与复试

(1) 砌块的取样与复试项目

常见砌块的必试项目、组批规则及取样规定见表11-4。

常见砌块的必试项目、组批规则及取样规定　　　　　　　表 11-4

材料名称	验收规范及产品标准	验收检验项目	试验中心检验项目	组批规则	试样数量	抽样方法
烧结多孔砖和多孔砌块	《砌体工程施工质量验收规范》GB 50203-2011 《烧结多孔砖》GB 13544-2011 强度等级：MU30、MU25、MU20、MU15、MU10	必试：抗压强度 其他：冻融、泛霜、石灰爆裂、吸水率	1. 抗压强度 2. 外观质量尺寸偏差 3. 砖吸水率	以同一产地、同一规格、不超过3.5万～15万块为一验收批，不足按3.5万块一批计	1. 抗压强度 10块 2. 吸水率 5块 3. 送样 15～20块	从外观质量和尺寸偏差检验均合格的产品中随机抽取试样
烧结空心砖和空心砌块	《砌体工程施工质量验收规范》GB 50203-2011 《烧结空心砖和空心砌块》GB/T 13545-2014 强度等级：MU10、MU7.5、MU5.0、MU3.5、MU2.5	必试：抗压强度（大条面） 其他：密度、冻融、泛霜、石灰爆裂、吸水率	1. 抗压强度 2. 外观质量尺寸偏差 3. 砖吸水率 4. 密度 5. 放射性	以同一产地、同一规格、3.5万～15万块为一验收批，不足者按3.5万块一批计	1. 抗压强度 5块 2. 密度 5块 3. 放射性 3块 4. 送样 15～20块	从外观和尺寸偏差检验均合格的产品中随机抽取试样
轻集料混凝土空心砌块	《轻集料混凝土小型空心砌块》GB/T 15229-2011 《砌体工程施工质量验收规范》GB 50203-2011 强度等级：MU2.5、MU3.5、MU5.0、MU7.5、MU10.0	必试：抗压强度 其他：放射性、空心率、含水率、吸水率、干燥收缩率、软化系数、抗冻性	1. 抗压强度 2. 外观质量尺寸偏差 3. 砖吸水率 4. 密度 5. 放射性	以同种轻集料和水泥按统一工艺制成的同强度等级和300m³ 砌块为一验收批（试验龄期不应小于28天）	1. 抗压强度 5块 2. 密度 3块 3. 吸水率 3块 4. 送样 8～10块	从外观和尺寸偏差检验均合格的砌块中抽取试样
普通混凝土小型砌块	《砌体工程施工质量验收规范》GB 50203-2011 《普通混凝土小型砌块》GB/T 8239-2014 强度等级 MU5.0、MU7.5、MU10.0、MU15.0、MU20.0、MU25.0、MU30.0、MU35.0、MU40.0	必试：抗压强度（大条面） 其他：密度、放射性、含水率、吸水率、干燥收缩率、软化系数、抗冻性	1. 抗压强度 2. 外观质量尺寸偏差	以同规格、龄期、强度等级500m³ 且不超过3万块为一验收批不足者按一批计 （注：施工时所用的小型空心砌块的产品龄期不应小于28d）	1. 抗压强度 5块 2. 空心率 3块 3. 送样 5～10块	从外观质量和尺寸偏差检验均合格的产品中随机抽取试样
蒸压加气块混凝土砌块	《蒸压加气块混凝土砌块》GB 11968-2006 《砌体工程施工质量验收规范》GB 50203-2011 强度等级：A1.0、A2.0、A2.5、A3.5、A5.0、A7.5、A10.0	必试：立方体抗压强度、干体积密度 其他：干燥收缩、抗冻性、导热性	1. 抗压强度 2. 外观质量尺寸偏差 3. 体积密度	以同一产地、同一规格、不超过1万块为一验收批不足按一批计。 （注：试样制备应采用机锯或刀锯。沿制品膨胀方向中心部分上、中、下顺序锯取一组。上、下表面距离制品顶面、底面30mm，中块在正中间）	1. 抗压强度 9块 2. 体积密度 3块 3. 送样 9～12块	从外观质量和尺寸偏差检验均合格的砌块中随机抽取试样

（2）砌块抗压强度试验

下面以普通混凝土小型空心砌块为例，说明砌块的抗压强度试验。其他砌块参照相应规范执行。

1）设备

①材料试验机

材料试验机的示值相对误差不应超过 ±1%，其量程选择应能使试件的预期破坏荷载落在满量程的 20% ~ 80% 之间。试验机的上、下压板应有一端为球铰支座，可随意转动。

②辅助压板

当试验机的上压板或下压板支撑面不能完全覆盖试件的承压面时，应在试验机压板与试件之间放置一块钢板作为辅助压板。辅助压板的长度、宽度分别应至少比试件的长度、宽度大 6mm，厚度应不小于 20mm；辅助压板经热处理后的表面硬度应不小于 60HRC，平面度公差应小于 0.12mm。

③试件制备平台

试件制备平台应平整、水平，使用前要用水平仪检验找平，其长度方向范围的平面度应不大于 0.1mm，可用金属或其他材料制作。

玻璃平板：玻璃平板厚度不小于 6mm，面积应比试件承压面大。

水平仪：水平仪规格为 250 ~ 500mm。

直角靠尺：直角靠尺应有一端长度不小于 120mm，分度值为 1mm。

钢直尺：分度值为 1mm。

2）试件

试件数量为 5 个砌块。

①制作试件用试样的处理

用于制作试件的试样应尺寸完整。若侧面有突出或不规则的肋，需先做切除处理，以保证制作的抗压强度试件四周侧面平整；块体孔洞四周应被混凝土壁或肋完全封闭。制作出来的抗压强度试件应是由一个或多个孔洞组成的直角六面体，并保证承压面 100% 完整。对于混凝土小型空心切块，当其端面（砌筑时的竖灰缝位置）带有深度不大于 8mm 的肋或槽时，可不做切除或磨平处理。试件的长度尺寸仍取砌块的实际长度尺寸。

②试样应在温度 20±5℃、相对湿度 50%±15% 的环境下调至恒重后，方可进行抗压强度试件制作。试样散放在实验室时，可叠层码放，孔应平行于地面，试样之间的间隔应不小于 15mm。如需提前进行抗压强度试验，可使用电风扇以加快实验室内空气流动速度。当试样 2h 后的质量损失不超过前次质量的 0.2%，且在试样便面用肉眼观察见不到有水分或潮湿现象时，可认为试样已恒重。不允许采用烘干箱来干燥试样。

③试件养护

将制备好的试件放置 20±5℃、相对湿度 50%±15% 的试验室内进行养护。找平和粘结材料采用快硬硫铝酸盐水泥砂浆制备的试件，1d 方后可进行抗压强度试验；找平和粘结材料采用高强石膏粉制备的试件，2h 后可进行抗压强度试验；找平和粘结材料采用普通水泥砂浆制备的试件，3d 后进行抗压强度试验。

④试验步骤

按标准方法测量（长度在条面的中间，高度在顶面的中间测量。每项在对应两面各测一次，精确至 1mm），每个试件的长度和宽度，分别求出各个方向的平均值，精确至 1mm。

试件置于试验机承压板上，使试件的轴线与试验机压板的压力中心重合，以 4 ~ 6kN/s 的速度加荷，直至试件破坏。记录最大破坏荷载 P。

试验机压板不足以覆盖试件受压面时，可在试件的上、下承压面加辅助钢压板。辅助钢压板的表面光洁度应与试验机原压板相同，其厚度至少为原压板边至辅助钢压板最远距离的 1/3。

⑤结果计算与评定

每个试件的抗压强度按下式计算，精确至 0.1MPa。

$$R = \frac{P}{LB} \tag{11-6}$$

式中　R——试件的抗压强度（MPa）；

　　　P——破坏荷载（N）；

　　　L——受压面的长度（mm）；

　　　B——压面的宽度（mm）。

试验结果以五个试件抗压强度的算术平均值和单块最小值表示，精确至 0.1MPa。强度等级应符合表 11-5 规定。

普通混凝土小型砌块抗压强度参照表　　　　　　　表 11-5

强度等级	抗压强度（MPa）	
	平均值不小于	单块最小值不小于
MU5.0	5.0	4.0
MU7.5	7.5	6.0
MU10.0	10.0	8.0
MU15.0	15.0	12.0
MU20.0	20.0	16.0
MU25.0	25.0	20.0
MU30.0	30.0	24.0
MU35.0	35.0	28.0
MU40.0	40.0	32.0

【知识拓展】

墙用板材

建筑物墙板除现场浇筑成型、块材砌筑外，还可以通过制成板材现场拼装。通常这类板材的特点是轻质、高强、低能耗、多功能，便于拆装、减薄墙体的厚度等，因此，墙用板材具有良好的发展前景。

我国目前可用于墙体的板材品种很多，这里介绍几种有代表性的板材。

1. 玻璃纤维增强水泥板（GRC 板）

以硅酸盐水泥为胶凝材料，以耐碱玻璃纤维或其网格布作为增强材料，加入发泡剂和防水剂制成的板材。具有表观密度小、耐水、韧性好，耐冲击强度和抗弯强度较高、不燃、易加工等特点，主要用于非承重的内墙和复合墙体的外墙面。常用的品种有GRC 多孔条形板、GRC 低碱度轻质板等。

2. 纤维增强硅酸钙板（硅钙板）

由钙质材料、硅质材料与纤维等作为主要原料，经制浆、成坯与蒸压养护等工序而制成的轻质板材。具有表观密度小，比强度高、湿胀率小，防火、防潮、防蛀、防霉和可加工性能好等优点。可作为隔墙板与吊顶板，表面防水处理后也可用于复合墙板中的外墙面板。

3. 石膏板

以熟石膏为胶凝材料制成的板材。常用的品种有石膏空心条板、纤维石膏板、纸面石膏板和装饰石膏板。石膏空心条板是以建筑石膏为主要原料，

掺入粉煤灰（或水泥）、增强纤维、膨胀珍珠岩等材料制成，主要用于工业和民用建筑的非承重内隔墙。

纸面石膏板是以建筑石膏为胶凝材料，掺入适量添加剂和纤维作为板芯，以特制的护面纸作为面层的一种轻质板材。具有轻质、耐火、加工性好等优点，可与轻钢龙骨及其他配套材料组成隔墙与吊顶。除能满足建筑防火、隔声、绝热、抗震要求外，还具有施工便利、可调节室内空气温、湿度以及装饰效果等优点。适用于各类工业与民用建筑特别是公共建筑和高层建筑。

4. 复合板

将墙体结构材料与保温材料合二为一的板材，具有轻质、高强、保温、隔声、防火等特点。

（1）加气混凝土复合板

是以加气混凝土为主要材料制成的板材，在使用中经切锯、粘结与钢筋连接，可制成整体房间。适用于各类框架结构建筑和采取抗震措施的板墙结构建筑的外墙。可按设计要求加工成各种规格的墙板。

（2）铝塑复合板

是以塑料为芯层，外贴铝板的三层复合板材。通常上下两层为高强度防锈铝合金板，中间夹低密度PVC 泡沫板或聚乙烯（PE）芯板，经加压工艺制成。表面可施加装

饰性或保护性涂层，是一种新型高档内外装饰墙板。

（3）压型钢板复合板

用厚度为 0.5 ~ 0.7mm 的钢板作内外表面，内夹保温材料如聚氨酯泡沫塑料、聚氯乙烯泡沫板、超细玻璃棉等，经加压工艺制成。具有承重和保温的复合功能，同时有自重较轻、保温性能较好，施工工效高，抗震性能好等优点。

【能力测试】

一组混凝土小型空心砌块规格尺寸为 390mm×240mm×190mm，强度等级为 MU5.0，经检验各试件尺寸和破坏载荷值见表 11-6，试判断该组砌块的强度是否符合普通混凝土小型空心砌块 MU5.0 的技术要求。

某普通混凝土小型空心砌块试件尺寸和破坏荷载值 　　　　表 11-6

试件编号	1	2	3	4	5
长（mm）	392	390	390	388	390
宽（mm）	236	241	243	240	240
破坏载荷（kN）	566	584	453	596	521

模块 12
防水材料

【模块概述】

> 防水材料是保证房屋建筑中能够防止雨水、地下水和其他水分侵蚀渗透的重要组成部分，是房屋建筑中不可或缺的材料。防水材料的质量与施工直接影响到建筑的使用，关系到建筑物的耐久性。本模块划分为 3 个项目：沥青的质量检测、防水卷材的质量检测和防水涂料的质量检测。

【学习目标】

（1）了解沥青、防水卷材、防水涂料的分类、特点、保存要求和应用。

（2）熟悉国家标准及行业标准中对其的技术要求。

（3）掌握沥青、防水卷材和防水涂料检测的取样方法、必试项目和方法，试验数据处理及试验结果分析。

项目 1　沥青的质量检测

【项目概述】

1.项目描述

沥青是一种有机胶凝材料，具有防潮、防水、防腐的性能。国内外使用沥青作为防水材料已经有悠久的历史，直到现在，沥青基防水材料也被广泛应用与交通、水利、工业与民用建筑工程中。本项目是依据国家及行业标准，对施工所用的沥青进行质量检测。通过本项目学习，应了解沥青的分类、特点、技术指标、取样要求、必试项目和试验方法以及试验结果的数据处理和结果分析。

2.检验依据

（1）《建筑石油沥青》GB/T 494–2010

（2）《道路石油沥青》NB/SH/T 0522-2010

（3）《沥青取样法》GB/T 11147-2010

（4）《沥青软化点测定法（环球法）》GB/T 4507-2014

（5）《沥青延度测定法》GB/T 4508-2010

（6）《沥青针入度测定法》GB/T 4509-2010

【学习支持】

1. 沥青的概念

沥青常温下呈黑色或黑褐色的固体、半固体或黏稠液体。沥青按其在自然界中获得的方式，可分为地沥青和焦油沥青两大类。地沥青包括天然沥青和石油沥青；焦油沥青包括煤沥青、木沥青、泥炭沥青、页岩沥青。建筑工程中最常用的是石油沥青和煤沥青。石油沥青的防水性能较好，而煤沥青的防腐、粘结性能较好。

2. 石油沥青的技术性质与指标

（1）黏滞性

黏滞性又叫黏性，是指石油沥青在外力作用下抵抗发生变形的能力。

固体和固体石油沥青的黏滞性用针入度表示，液体石油沥青的黏滞性用黏滞度表示。针入度和黏滞度是划分石油沥青牌号的主要技术指标。

针入度是指在规定温度 25℃ 条件下，以规定重量 100g 的标准针，经规定时间 5s 贯入石油沥青试样中的深度，以 0.1mm 为 1 度。针入度越大，流动性越好，黏性越小。

黏滞度是液体石油沥青在规定温度（20℃、25℃、30℃或60℃），经过规定直径（3 mm、5mm 或 10mm）的孔口，流出 50mL 沥青所需的秒数。黏滞度以符号 C_d^t 表示。其中 d 为流口孔径，t 为试样温度。黏滞度越大，黏性越大。

（2）塑性

塑性是指石油沥青在外力作用下产生变形而不破坏的能力，又称延展性。石油沥青的塑性用延度表示。其测定方法使将沥青制成 "8" 字形标准试件（中间最小截面积 1cm²），在规定拉伸速度（5cm/min）和规定温度（25℃）下拉断时的长度。延度越大，塑性越好。

（3）温度敏感性

温度敏感性是指石油沥青的黏滞性和塑性随温度升降而变化的性能，也称温度稳定性。

沥青的温度敏感性用软化点来表示，即石油沥青由固态变为具有一定流动性的膏体时的温度。软化点通常用 "环球法" 测定。它是将沥青试样装入规定尺寸（直径约16mm，高约 6mm）的铜环内，试样上放置一标准钢球（直径 9.53mm，重 3.5g），浸入水中或甘油中，以规定升温速率（5℃ /min）加热，使沥青软化下垂，当下垂到规定距离（25.4mm）时的温度。软化点越高，温度敏感性越小，温度稳定性越好。

石油沥青的软化点大致在 50 ~ 100℃ 之间。软化点越高，石油沥青的耐热性好，但软化点过高，又不易施工和加工。软化点低的石油沥青，夏季容易产生流淌变形。

（4）大气稳定性

大气稳定性是指石油沥青在热、阳光、氧气和潮湿等因素的长期综合作用下抵抗老化的性能。

石油沥青的大气稳定性以沥青试样在160℃下加热蒸发5h后质量蒸发损失百分率和蒸发后的针入度比表示。蒸发损失百分率越小，蒸发后针入度比值越大，则表明石油沥青的大气稳定性越好，老化越慢，耐用时间越长。

除此之外，石油沥青的闪点、燃点等都对石油沥青的使用有影响。闪点、燃点的高低标明沥青引起火灾或爆炸的可能性大小，关系到运输、贮存和加热使用等方面的安全，并直接影响石油沥青熬制温度的确定。

（5）石油沥青的技术指标

石油沥青的主要技术指标以针入度、延度、软化点等来表示，见表12-1与表12-2。

建筑石油沥青的技术指标 表 12-1

项目		建筑石油沥青		
		40号	30号	10号
针入度（25℃,100g, 5s）（0.1mm）		36～50	26～35	10～25
针入度（46℃,100g, 5s）（0.1mm）		报告[a]	报告[a]	报告[a]
针入度（0℃,200g, 5s）（0.1mm）	不小于	6	6	3
延度（25℃,5cm/min）（cm）	不小于	3.5	2.5	1.5
软化点（环球法）（℃）	不低于	60	75	95
溶解度（三氯乙烯）（%）	不小于	99.0		
蒸发后质量变化（163℃,5h）（%）	不大于	1		
蒸发后25℃针入度比[b]（%）	不小于	65		
闪点（开口杯法）（℃）	不低于	260		

注：a. 报告应为实测值；
　　b. 测定蒸发损失后样品的25℃针入度与原25℃针入度之比乘以100后，所得的百分比，称为蒸发后针入度比

道路石油沥青的技术指标 表 12-2

项目		道路石油沥青				
		200号	180号	140号	100号	60号
针入度（25℃,100g, 5s）（0.1mm）		200～300	150～200	110～150	80～110	50～80
延度（25℃）（cm）	不小于	20	100	100	90	70
软化点（℃）		30～48	35～48	38～51	42～55	45～58
溶解度（%）	不小于	99.0				

续表

项目		道路石油沥青				
		200号	180号	140号	100号	60号
闪点（℃）	不低于	180	200	230		
密度（25℃）（g/cm³）		报告				
蜡含量（%）	不大于	4.5				
薄膜烘箱实验（163℃，5h）						
质量变化（%）	不大于	1.3	1.3	1.3	1.2	1.0
针入度比（%）		报告				

注：如25℃延度达不到，15℃延度达到时，也认为是合格的，指标要求与25℃延度一致。

【任务实施】

1. 沥青的进场检验

石油沥青进场的必试项目有：（1）黏滞性测定（针入度）；（2）塑性测定（延度）；（3）温度敏感性测定（软化点）。

2. 沥青的取样

（1）石油沥青以同一产地、同一品种、同一标号，每20t为一验收批，不足20t时视为一验收批。

（2）每一验收批取试样液体沥青一般为1L，固体或半固体为1～2kg。

（3）取样方法：根据所盛容器采用不同的取样方法，详见标准《沥青取样法》GB/T 11147-2010。

3. 沥青的质量检测

沥青的试验项目主要包括针入度、延度、软化点的测定三个方面。

（1）针入度测定

1）试验目的

掌握《沥青针入度测定法》GB/T 4509-2010，通过测定沥青的针入度评定其黏滞性，并由此确定石油沥青的牌号。

2）主要仪器设备

①针入度仪；

②标准针；

③试样皿；

④恒温水浴；

⑤平底玻璃皿、计时器、温度计。

3）试样制备

①小心加热样品，不断搅拌以防局部过热，加热到使样品能够易于流动。加热时焦油沥青的加热温度不超过软化点的60℃，石油沥青不超过软化点的90℃。加热时间在保证样品充分流动的基础上尽量少。加热、搅拌过程中避免试样中进入气泡。

②将试样倒入预先选好的试样皿中，试样深度应至少是预计锥入深度的120%。如果试样皿的直径小于65mm，而预期针入度高于200，每个实验条件都要倒三个样品。如果样品足够，浇注的样品要达到试样皿边缘。

③将试样皿松弛地盖住以防止灰尘落入。在15～30℃的室温下，小的试样皿（φ33mm×16mm）中的样品冷却45min～1.5h，中等试样皿（φ55mm×35mm）中的样品冷却1～1.5h，较大的试样皿中的样品冷却1.5～2.0h，冷却结束后将试样皿和平底玻璃皿一起放入测试温度下的水浴中，水面应没过试样表面10mm以上。在规定的试验温度下恒温，小试样皿恒温45min～1.5h，中等试样皿恒温1～1.5h，更大试样皿恒温1.5～2.0h。

4）试验步骤

①调节针入度仪的水平，检查针连杆和导轨，确保上面没有水和其他物质。如果预测针入度超过350，应选择长针，否则选用标准针。先用合适的溶剂将针擦干净，再用干净的布擦干，然后将针插入针连杆中固定。按试验条件选择合适的砝码并放好砝码。

②如果测试针入度仪是在水浴中，则直接将试样皿放在浸在水中的支架上，使试样完全浸在水中。如果实验时针入度仪不在水浴中，将已经恒温到试验温度的试样皿放在平底玻璃皿的三角支架上，用与水浴相同温度的水完全覆盖样品，将平底玻璃皿放置在针入度仪的平台上。慢慢放下针连杆，使针尖刚刚接触到试样的表面，必要时用放置在合适位置的光源观察针头位置，使针尖与水中针头的投影刚刚接触为止。轻轻拉下活杆，使其与针连杆顶端相接触，调节针入度仪上的表盘读数指零或归零。

③在规定时间内快速释放针连杆，同时启动秒表或计时装置，使标准针自由下落穿入沥青试样中，到规定时间使标准针停止移动。

④拉下活杆，再使其与针连杆顶端相接触，此时表盘指针的读数即为试样的针入度，用1/10mm表示。

⑤同一试样至少重复测定3次。每一试验点的距离及试验点与试样皿边缘的距离都不得小于10mm。每次试验前都应将试样和平底玻璃皿放入恒温水浴中，每次测定都要用干净的针。当针入度小于200时可将针取下用合适的溶剂擦净后继续使用。当针入度超过200时，每个试样皿中扎一针，3个试样皿得到3个数据。或者每个试样至少用3根针，每次试验用的针留在试样中，直到3根针扎完时再将针从试样中取出。但是这样测得的针入度的最高值与最低值之差，不得超过表12-3中的规定。

5）试验结果

取3次试验结果的平均值作为该沥青的针入度，取整数。最大值与最小值相差不应大于表12-3中的数值。如果误差超过了这一范围，利用第二个样品重复试验。如果结果再次超过允许值，则取消所有的实验结果，重新进行试验。

针入度试验允许值					表 12-3
针入度（0.1mm）	0 ~ 49	50 ~ 149	150 ~ 249	250 ~ 349	350 ~ 500
最大差值（0.1mm）	2	4	6	8	20

（2）延度测定

1）试验目的

掌握《沥青延度测定法》GB/T 4508 – 2010，通过测定沥青的延度评定其塑性，并由此确定石油沥青的牌号。

2）主要仪器设备

①延度仪、模具；

②恒温水浴、温度计、隔离剂、支撑板等。

3）试样制备

①将模具组装在支撑板上，将隔离剂涂于支撑板表面及模具内侧面，以防沥青粘在模具上。板上的模具要水平放好，以便模具的底部能够充分与板接触。

②与针入度试验相同的方法制备沥青试样。将融化后的样品倒入模具中，倒样时使试样呈细流状，自模的一端至另一端往返倒入，使试样略高于模具。将试件在空气中冷却 30 ~ 40min，然后在规定温度水浴中保持 30min 取出，用热的直刀或铲将高出模具的沥青刮出，使试样与模具齐平。

③将支撑板、模具和试件一起放入水浴中，并在试验温度下保持 85 ~ 90min，然后从板上取下试件，拆掉侧模，立即进行拉伸试验。

4）试验步骤

①将模具两端的孔分别套在试验仪器的柱上，然后以一定的速度拉伸，直到试件拉伸断裂。拉伸速度允许误差在 ±5% 以内，测量试件从拉伸到断裂所经过的距离，以 cm 表示。试验时，试件距离水面和水底的距离不小于 2.5cm，并且使温度保持在规定温度 ±0.5℃范围内。

②如果沥青浮于水面或沉入槽底，则试验不正常。应使用乙醇或氯化钠调整水的密度，是沥青材料级部浮于水面，又不沉入槽底。

③正常的试验应将试样拉成锥形或线形或柱形，直至在断裂时实际横断面面积接近于 0 或一均匀断面。如果三次试验得不到正常结果，在报告在该条件下延度无法测定。

5）试验结果

若 3 个试件测定值在其平均值的 5% 以内，取其平均值作为测定结果。若 3 个试件测定值不在平均值的 5% 以内，但其中两个较高值在平均值的 5% 之内，则弃去最低测定值，取两个较高值的平均值作为测定结果，否则重新测定。

（3）软化点测定

1）试验目的

掌握《沥青软化点测定法（环球法）》GB/T 4507 – 2014，通过测定沥青的软化点评定其温度敏感性，并由此确定石油沥青的牌号，也可作为不同温度下选择石油沥青的技术指标之一。

2）主要仪器设备

①试样环、钢球、支撑板、钢球定位器、浴槽、环支撑架、刀、温度计等（组合装置见图12-1）；

②加热介质：新煮沸过的蒸馏水或甘油；

③隔离剂。

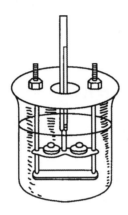

图 12-1　软化点测试组合装置

3）试样制备

①加热样品。石油沥青的加热温度不应超过其预计软化点110℃，煤焦油沥青的加热温度不应超过其预计软化点55℃。

②将铜环放到涂有隔离剂的支撑板上。若估计软化点在120～157℃之间，应将黄铜环与支撑板预热至80～100℃。

③向每个环中倒入略过量的沥青试样，让试件在室温下至少冷却30min。对于在室温下较软的试样，应将其在低于预计软化点10℃以上的环境中冷却30min。从开始倒试样起至完成试验的时间不得超过240min。

④试样冷却后，用稍加热的小刀刮去多余的沥青，使得每个试样饱满且与环的顶部齐平。

4）试验步骤

①选择下列一种加热介质和适合预计软化点的温度计或测温设备。①新煮沸过的蒸馏水适于软化点为30～80℃的沥青，起始加热介质的温度应为5±1℃；②甘油适于软化点为80～157℃的沥青，起始加热介质的温度应为30±1℃；③为了进行仲裁，所有软化点低于80℃的沥青应在水浴中测定，而软化点在80～157℃的沥青应在甘油浴中测定。

②把一起放在通风橱内并配置两个样品环、钢球定位器，将温度计插入合适的位置，浴槽装满加热介质，并使各仪器处于适当位置。用镊子将钢球置于浴槽底部，使其同支架的其他部位达到相同的起始温度之后，再次用镊子将钢球夹出并放入定位器中。

③从浴槽底部加热使温度以恒定的速率5℃/min上升。为防止通风的影响，必要时可用保护装置，试验期间不能取加热速率的平均值，但在3min后，升温速率应达到5±0.5℃/min。若温度上升速率超过此限定范围，则此次试验失败。

④当包着沥青的钢球触及下支撑板时，分别记录温度计所显示的温度。

5）试验结果

①取两个温度的平均值作为沥青材料的软化点。当软化点在30～157℃时，如果两个温度的差值超过1℃，则重新试验。报告中注明所使用加热介质的种类。

②如果在甘油浴中测得的石油沥青软化点的平均值为80.0℃或更低，煤沥青的软化点的平均值为77.5℃或更低，则应在水浴中重复试验。

③如果在水浴中测得的沥青软化点的平均值为85.0℃或更高，则应在甘油浴中重复试验。

【知识拓展】

石油沥青的掺配

某一种牌号的沥青往往不能满足工程技术要求，因此需要用不同牌号的沥青进行掺配。掺配量的计算采用十字交叉法，可用下式估算：

$$Q_1 = \frac{T_2 - T_1}{T_2 - T} \times 100\% \tag{12-1}$$

$$Q_2 = 1 - Q_1 \tag{12-2}$$

式中　Q_1——较软沥青用量（软化点较低的沥青用量）；

　　　Q_2——较硬沥青用量（软化点较高的沥青用量）；

　　　T_1——较软沥青软化点（℃）；

　　　T_2——较硬沥青软化点（℃）；

　　　T——要求配制的沥青软化点（℃）。

根据估算的掺配比例进行适配，测定掺配后沥青的软化点，然后绘制"掺量-软化点"曲线来确定最终满足要求软化点的配比。

【能力测试】

1. 沥青的黏滞性由＿＿＿表示；而塑性由＿＿＿表示；温度稳定性由＿＿＿表示。

2. 沥青的延度越大，表示沥青（　）。

　　A. 黏性越大　　B. 黏性越小　　C. 塑性越好　　D. 塑性越差

3. 软化点较高的沥青，则其（　）较好。

　　A. 大气稳定性　　B. 温度稳定性　　C. 黏稠性　　D. 塑性

4. 黏稠的石油沥青当针入度值越大表示（　）。

　　A. 牌号增大，黏性越小　　B. 牌号减小，黏性不变

　　C. 牌号增大，黏性越大　　D. 牌号不变，黏性越大

项目 2　防水卷材的质量检测

【项目概述】

1. 项目描述

防水工程的质量在很大程度上取决于防水材料的性能和质量，材料是防水功能的基础。本项目是依据国家及行业标准，对施工中常用的防水卷材进行质量检测。通过本项目的学习，应了解常用防水卷材的分类、特点、技术指标、取样要求、必试项目和试验方法以及试验结果的处理和分析。

2. 检验依据

(1)《石油沥青纸胎油毡》GB 326－2007

(2)《弹性体改性沥青防水卷材》GB 18242－2008

(3)《塑性体改性沥青防水卷材》GB 18243－2008

(4)《高分子防水材料　第 1 部分：片材》GB 18173.1－2012

【学习支持】

1. 防水卷材的概念

防水卷材是建筑工程防水材料的重要品种之一，是一种可卷曲的片状制品。防水卷材按组成材料分为石油沥青防水卷材、高聚物改性沥青防水卷材、合成高分子防水卷材三大类（表 12-4）。

常见防水卷材类型　　　　　　　　　　　　　　　　　　　表 12-4

防水卷材		
石油沥青防水卷材	高聚物改性沥青防水卷材	合成高分子防水卷材
石油沥青纸胎油毡	弹性体改性沥青防水卷材	三元乙丙卷材
石油沥青玻璃布油毡	塑性体改性沥青防水卷材	聚氯乙烯卷材
石油沥青玻纤胎油毡	PVC 改性焦油沥青防水卷材	氯化聚乙烯 - 橡胶共混卷材
石油沥青铝箔胎油毡	再生胶改性沥青防水卷材	

2. 常用防水卷材的技术指标

（1）石油沥青纸胎油毡

石油沥青纸胎油毡是以低软化点石油沥青浸渍原纸，再用高软化点石油沥青涂盖其两面，表面涂或撒隔离材料所制成的卷材。

石油沥青纸胎油毡按隔离材料可分为粉毡和片毡；按卷重和物理性能分为Ⅰ型、Ⅱ型、Ⅲ型。其技术性能指标应符合以下规定。

1）卷重应符合表 12-5 的规定。

石油沥青纸胎油毡的卷重　　　　　　　表 12-5

类型	Ⅰ型	Ⅱ型	Ⅲ型
卷重（kg/卷）≥	17.5	22.5	28.5

2）外观

①成卷油毡应卷紧、卷齐，端面里近外出不得超过 10mm。

②成卷油毡在 10 ~ 45℃任一温度下展开，在距卷芯 1000mm 长度外不应有 10mm 以上的裂纹或粘结。

③纸胎必须浸透，不应有未被浸透的浅色斑点、胎基外露、涂油不均。

④毡面不应有孔洞、硌伤、长度 20mm 以上的疙瘩、糨糊状粉浆、水迹，不应有距卷芯 1000mm 以外长度 100mm 以上的折纹、折皱；20mm 以内的边缘裂口或长 20mm、深 20mm 以内的缺边不应超过四处。

⑤每卷油毡中允许有一处接头，其中较短的一段长度不应少于 2500mm，接头处应剪切整齐，并加长 150mm，每批卷材中接头不应超过 5%。

3）物理性能应符合表 12-6 的规定。

石油沥青纸胎油毡的物理性能　　　　　　表 12-6

项目		指标		
		Ⅰ型	Ⅱ型	Ⅲ型
单位面积浸涂材料总量（g/m²）≥		600	750	1000
不透水性	压力（MPa）≥	0.02	0.02	0.10
	保持时间（min）≥	20	30	30
吸水率（%）≤		3.0	2.0	1.0
耐热度		85±2℃，2h 涂盖层无滑动、流淌和集中性气泡		
拉力（纵向）（N/50mm）≥		240	270	340
柔度		18±2℃，绕 Φ20mm 棒或弯板无裂纹		

注：本标准Ⅲ型产品物理性能要求为强制性的，其余为推荐性的。

（2）弹性体改性沥青防水卷材

弹性体改性沥青防水卷材又可称为 SBS 改性沥青防水卷材，它是以聚酯毡、玻纤毡或玻纤增强聚酯毡为胎基，采用苯乙烯 - 丁二烯 - 苯乙烯（SBS）热塑性弹性体为改性材料，然后在两面覆以隔离材料而制成的防水卷材。

SBS 改性沥青防水卷材按胎基分为聚酯毡（PY）、玻纤毡（G）、玻纤增强聚酯毡（PYG）；按表面隔离材料分为聚乙烯膜（PE）、细砂（S）、矿物粒料（M）；按材料性能分为Ⅰ型和Ⅱ性。其技术性能指标应符合以下规定。

1）卷重、面积及厚度应符合表 12-7 的规定

SBS 改性沥青防水卷材的单位面积质量、面积及厚度　　　　　表 12-7

规格（公称厚度）（mm）		3			4			5		
上表面材料		PE	S	M	PE	S	M	PE	S	M
下表面材料		PE	PE，S		PE	PE，S		PE	PE，S	
面积（m²/卷）	公称面积	10,15			10,7.5			7.5		
	偏差	±0.10			±0.10			±0.10		
单位面积质量（kg/m²）≥		3.3	3.5	4.0	4.3	4.5	5.0	5.3	5.5	6.0
厚度（mm）	平均值 ≥	3.0			4.0			5.0		
	最小单值	2.7			3.7			4.7		

2）外观

①成卷卷材应卷紧卷齐，端面里近外出不得超过 10mm。

②成卷卷材在 4 ~ 50℃任一温度下展开，在距卷芯 1000mm 长度外不应有 10mm 以上的裂纹或粘结。

③胎基应浸透，不应有未被浸渍处。

④卷材表面应平整，不允许有孔洞、缺边和裂口、疙瘩，矿物粒料粒度应均匀一致并紧密地粘附于卷材表面。

⑤每卷卷材接头处不应超过一个，较短的一段长度不应少于 1000mm，接头应剪切整齐，并加长 150mm。

3）材料性能符合表 12-8 的规定。

SBS 改性沥青防水卷材的部分性能　　　　　表 12-8

项目		Ⅰ型		Ⅱ型		
		PY	G	PY	G	PYG
可溶物含量（g/m²）≥	3mm	2100				—
	4mm	2900				—
	5mm	3500				
耐热度（℃），无流淌、滴落		90		105		
不透水性 30min（MPa）		0.3	0.2	0.3		
低温柔性（℃），无裂缝		−20		−25		
拉力（N/50mm）≥	最大峰拉力	500	350	800	500	900
	次高峰拉力	—	—	—	—	800

续表

项目		I 型		II 型		
		PY	G	PY	G	PYG
延伸率（%）≥	最大峰时延伸率	30	—	40	—	—
	第二峰时延伸率	—		—	—	15
浸水后质量增加（%）≤	PE、S	1.0				
	M	2.0				

（3）塑性体改性沥青防水卷材

塑性体改性沥青防水卷材又称为 APP 改性沥青防水卷材，它是以聚酯毡、玻纤毡或玻纤增强聚酯毡为胎基，采用无规聚丙烯（APP）或聚烯烃类聚合物作为改性材料，然后在两面覆以隔离材料而制成的防水卷材。

APP 改性沥青防水卷材按胎基分为聚酯毡（PY）、玻纤毡（G）、玻纤增强聚酯毡（PYG）；按表面隔离材料分为聚乙烯膜（PE）、细砂（S）、矿物粒料（M）；按材料性能分为 I 型和 II 性。其技术性能指标应符合以下规定。

1）卷重、面积及厚度与 SBS 改性沥青防水卷材的要求相同。

2）外观：成卷卷材在 4 ~ 60℃任一温度下展开，其他要求与 SBS 改性沥青防水卷材相同。

3）材料性能应符合表 12-9 的规定。

APP 改性沥青防水卷材的部分性能　　　　表 12-9

项目		I 型		II 型		
		PY	G	PY	G	PYG
可溶物含量（g/m²）≥	3mm	2100				—
	4mm	2900				—
	5mm	3500				
耐热度（℃），无流淌、滴落		110		130		
不透水性 30min（MPa）		0.3	0.2	0.3		
低温柔性（℃），无裂缝		−7		−15		
拉力（N/50mm）≥	最大峰拉力	500	350	800	500	900
	次高峰拉力	—	—	—	—	800
延伸率（%）≥	最大峰时延伸率	25	—	40	—	—
	第二峰时延伸率	—		—	—	15

续表

项目		Ⅰ型		Ⅱ型		
		PY	G	PY	G	PYG
浸水后质量增加（%）≤	PE、S	1.0				
	M	2.0				

（4）三元乙丙橡胶防水卷材

三元乙丙防水卷材是以乙烯、丙烯和少量双环戊二烯三种单体共聚而成的三元乙丙橡胶为主要原料，掺入适量的丁基橡胶、硫化剂、填充剂等，采用压延法或挤出法生产的一种具有高弹性的均质片材，是高分子合成卷材中的一种。三元乙丙橡胶防水卷材的技术性能指标应符合以下规定。

1）规格尺寸及允许偏差应符合表 12-10 的规定。

三元乙丙橡胶防水卷材的规格尺寸及允许偏差　　　　表 12-10

	厚度	宽度	长度
规格尺寸（mm）	1.0, 1.2, 1.5, 1.8, 2.0	1.0, 1.1, 1.2	20m 以上
允许偏差（%）	±5	±1	不允许出现负值

2）外观

①片材表面应平整，不能有影响使用性能的杂质、机械损伤、折痕及异常粘着等缺陷。

②在不影响使用的条件下，片材表面缺陷应符合下列规定：凹痕深度不得超过片材厚度的 20%；气泡深度不得超过片材厚度的 20%，且每 m^2 内气泡面积不得超过 $7mm^2$。

③物理力学性能应符合表 12-11 的规定。

三元乙丙橡胶防水卷材的物理力学性能　　　　表 12-11

项目		硫化类	非硫化类
拉伸强度（MPa）≥	常温（23℃）	7.5	4.0
	60℃	2.3	0.8
拉断延伸率（%）≥	常温（23℃）	450	400
	60℃	200	200
撕裂强度（kN/m）≥		25	18
不透水性（30min 无渗漏）（MPa）		0.3	0.3

续表

项目		硫化类	非硫化类
低温弯折 /℃ ≤		−40	−30
热空气老化 (80℃ ×168h)	拉伸强度保持率（%）≥	80	90
	拉断伸长率保持率（%）≥	70	70
人工气候加速老化	拉伸强度保持率（%）≥	80	80
	拉断伸长率保持率（%）≥	70	70
粘结剥离强度 （片材与片材）	标准试验条件（N/mm）≥	1.5	
	浸水保持率（23℃ ×168h）（%）≥	70	

【任务实施】

1. 防水卷材的进场检验

（1）石油沥青油毡的必试项目有：①拉力试验；②耐热度；③不透水性；④柔度。

（2）SBS 改性沥青防水卷材与 APP 改性沥青防水卷材的必试项目有：①拉力试验；②耐热度；③不透水性；④柔度；⑤断裂延伸率。

（3）三元乙丙橡胶防水卷材的必试项目有：①拉伸强度；②断裂延伸率；③不透水性；④低温弯折性；⑤粘合性能 - 卷材之间搭接。

2. 防水卷材的取样与复试

（1）石油沥青油毡

1）试验取样

①石油沥青油毡以同一生产厂、同一品种、同一标号、同一等级的产品，每 1500 卷为一验收批。

②取样方法：每一验收批中抽取一卷，切除距外层卷头 2500mm 部分后，顺纵向截取长度为 500mm 的全幅卷材两块，一块用于物理性能试验，另一块备用。按表 12-12 所要求的尺寸、数量切取试件。

试件尺寸和数量 表 12-12

试验项目		试件尺寸（mm）	数量
不透水性		150×150	3
拉力		250×50	3
耐热度		100×50	3
柔度	纵向	60×30	3
	横向	60×30	3

2）试验方法

①拉力试验

A. 试验应在25±2℃的条件下进行，将试件放在与拉力试验相同温度的干燥处不少于1h。

B. 先调整拉力试验机（测试范围：0～1000N或2000N；最小读数为5N），在无负荷的情况下，空夹具自动下降速度为40～50mm/min，然后将试件夹持在拉力机的夹具中心，不得歪扭，上下夹具间的距离应为180mm。启动拉力机直到试件被拉断为止，读出拉断时指针所指刻度，即为试件的拉力值。如试件断裂处距夹具小于20mm时，该试件试验结果无效，应在同一样品上另行切取试件，重新进行检验。

C. 结果评定。拉力试验以3个试件的算术平均值为评定值。

②耐热度试验

A. 将制备好的试件用细铁丝或回形针穿过每块试件距短边一端1cm处中心的小孔挂好，然后放入标准规定温度的电热恒温箱内（试件与恒温箱壁之间的距离不应小于50mm）。2h后取出，观察并记录试件表面有无涂盖层滑动和集中性气泡。

B. 结果评定。3个试件表面均无涂盖层滑动和集中性气泡，则耐热度合格。

③不透水性试验

A. 试验准备。试验前，试件在15～30℃且干燥的室内静置一定时间。用温度为20±5℃的洁净水注满水箱后，启动油泵，在油压的作用下夹脚活塞带动夹脚上升，先将水缸内的空气排干净，再将水箱内的水吸入缸内，同时向3个试座充水。当3个试座充满水，并接近溢出状态时，关闭试座进水阀门。如果水缸内储存水已近断绝，需通过水箱向水缸再次充水，以确保测试的水缸内有足够的储水。

B. 测试。

将三块试件分别置于3个透水盘试座上，使涂盖材料薄弱的一面接触水面，并注意将O型密封圈固定在试座槽内，试件上盖上金属压盖，然后通过夹脚将试件压紧在试座上。如产生压力影响试验结果，可向水箱内泄水，达到减压的目的。

打开试座进水阀，通过水缸向装好试件的透水盘底座继续充水，当压力表达到指定压力时，停止加压。关闭进水阀和油泵，同时启动定时闹钟，随时观察试件表面有无渗水现象，直到达到规定时间为止。如有渗水应停机，并记录开始渗水时间。

C. 结果评定。3个试件均无渗水现象，则不透水性合格。

④柔度试验

A. 试件经30min浸泡后，自水中取出，立即沿圆棒（或弯板）用手在约2s时间内按均衡速度弯曲成180°，用肉眼观察试件表面有无裂纹。

B. 结果评定。在纵向和横向共6块试件中，至少5块无裂纹，则柔度合格。

（2）SBS改性沥青防水卷材

1）试验取样

① SBS改性沥青防水卷材以同一生产厂、同一品种、同一标号的产品，每1000卷为一验收批。

②从每一验收批中抽取一卷，切除距外层卷头 2500mm 部分后，顺纵向截取长度为 500mm 的全幅卷材两块，一块用于物理性能试验，另一块备用。按表 12-13 所要求的尺寸、数量切取试件。

试件尺寸和数量   表 12-13

试验项目		试件尺寸（mm）	数量
不透水性		由所用仪器而定	3
拉力及延伸率	纵向	250×50	3
	横向	250×50	3
耐热度		100×50	3
柔度		60×30	6

2）试验方法

①拉力及断裂延伸率试验

A. 将切取的纵横各 3 块试件，置于试验温度为 25±2℃的干燥环境中不少于 1h 后，将试件夹持在拉伸试验机（最小读数为 5N，测力范围≥2000N）的夹具中心，不得歪扭，上下夹具间的距离为 180mm，将试验机的拉伸速度调整为 50mm/min。

B. 先启动记录仪，随后启动拉伸试验机，直到试件被拉断为止，记录试件被拉断时的最大拉力值。断裂时的延伸值可根据记录曲线的应变坐标的长度，以及坐标纸被牵引的速度和拉伸试验机的拉伸速度求得。

断裂延伸率也可通过直测试件断裂时的长度变化求得。

C. 结果评定。

拉力值，以试件拉断时的最大荷载计，精确至 5N；断裂延伸率按式（12-3）计算：

$$\varepsilon_R = \frac{\Delta L}{180} \times 100\% \tag{12-3}$$

式中 ε_R——断裂延伸率（%）；

ΔL——断裂时的延伸值（mm）；

180——上下夹具间的距离（mm）。

当试件断裂处与夹具之间的距离小于 20mm 时，该试件试验结果无效，应在备用试样上另行切取试件，重新进行检验。

拉力、断裂延伸率分别以 3 个试件的算术平均值作为评定值。

②柔度试验

A. 将切取的 6 块试件及弯板（或钢棒）同时放置于指标规定温度的液体（如汽车防冻液）中，经 30min 浸泡后，自液体中取出，立即在弯板上用手在约 3s 时间内按均衡速度弯曲成 180°，并用肉眼观察试件表面有无裂纹。

B. 6 块试件中，3 块试件的上表面、另外 3 块试件的下表面与弯板接触。

C. 结果评定。6块试件中，至少5块无裂纹，则柔度合格。

③不透水性及耐热度试验

耐热度与不透水性检测方法与石油沥青油毡相同。其中不透水性检验规定时间为30min，观察试件是否出现渗水现象。若3个试件均无集中性气泡出现，则耐热度合格；若3个试件均无渗水，则不透水性合格。

（3）APP改性沥青防水卷材

试验方法同弹性体（SBS）改性沥青防水卷材，只是耐热度指标为110℃、130℃；低温柔度指标为−7℃、−15℃。尤其适用于较高气温环境的建筑防水。

（4）三元乙丙橡胶防水卷材

1）试验取样

①三元乙丙防水卷材以同一生产厂、同一规格、同一等级的产品，每3000m为一验收批。

②每一验收批中抽取3卷，经规格尺寸和外观质量检验合格后，任取合格卷中的一卷，截去端头300mm后，截取1.8m卷材一块，作为测定厚度和物理性能试样用样品，并按表12-14所要求尺寸、数量切取试件。

试件尺寸和数量　　　　　　　　　　　　表12-14

试验项目	试件尺寸（mm）	数量
不透水性	视仪器而定	3
拉伸性能	GB/T 528—2009 中 I 型裁刀	6
低温弯折性	100×50	2
黏合性能	150×100	2

2）试验方法

①拉伸强度、断裂延伸率试验

A. 在试件的狭窄部位印两条平行标线（其颜色与试样的颜色要有较大的反差），每条线应与试样中心等距（标距），两条标线间的距离为25±0.5mm，标线的粗度不应超过0.5mm，在试样的标线处，不应受到任何机械损伤。

B. 用厚度计测量试样标距内的厚度，精确至0.01mm。测量3点：在标距的两端和中心，取3个测量值中的中值作为试样工作部分的厚度值（d）。同一试件工作部分厚度的最大允许差值为0.10mm。以裁刀工作部分刀刃间的距离作为试样工作部分的宽度（b）。

C. 将切取的纵、横各3个试件夹于拉力试验机夹持器的中心，试样不得歪扭。在23±2℃环境条件下，启动拉力试验机，拉伸速度控制在500±50mm/min，直到试样拉断为止。记录试样拉断时的荷载（F）和拉断时的标距（L）。

D. 试验结果计算及评定。

拉伸强度按式（12-4）计算（精确至1MPa）

$$\delta = \frac{F}{bd} \tag{12-4}$$

式中 δ——拉伸强度（MPa）；

　　F——试样拉断时最大荷载（N）；

　　b——试样标距间宽度（mm）；

　　d——试样标距间厚度（mm）。

断裂延伸率按式（12-5）计算（精确至1%）

$$\varepsilon = \frac{L - L_0}{L_0} \times 100\% \tag{12-5}$$

式中 ε——断裂延伸率（%）；

　　L——试样拉断时的标距（mm）；

　　L_0——试样初始标距（mm）。

结果评定：纵横3个试件的中值均应达到拉伸强度和断裂延伸率的要求技术指标。

②不透水性试验

A. 三元乙丙防水卷材的不透水性试验采用如图12-2所示的十字形压板。试验时按透水仪的操作规程将试样装好，并一次性升至规定压力0.3MPa，保持30min后观察试样有无渗漏。

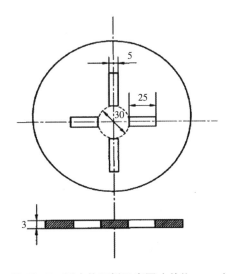

图 12-2　透水仪压板示意图（单位：mm）

B. 结果评定。三个试件均无渗水现象，则不透水性合格。

③低温抗折性试验

A. 将制备好的试样弯曲180°，使50mm宽的边缘重合、齐平，用定位夹或10mm宽的胶布将边缘固定，确保不发生错位。将弯折仪上下两平板间距离调到卷材厚度的3倍。试验纵、横向各一块试样。

B. 将弯折仪上平板打开，将厚度相同的两块试样平放在底板上，重合的一边朝向转轴，且距转轴 20mm；在规定温度下保持 1h 之后迅速压下上平板，达到所调间距位置，保持 1s 后将试样取出，观察试样弯折处是否断裂，并用放大镜观察试样弯折处受拉面有无裂纹。

C. 结果评定。用 8 倍放大镜观察试样表面，以纵横向试样均无裂纹为合格。

④粘合性试验

A. 将三元乙丙防水卷材裁成 200mm×150mm（纵向 × 横向）试件 4 块，分别涂胶粘剂，涂胶面积为 150mm×150mm，按产品要求晾至不粘手。将两块试件搭接粘合，粘贴时间按生产厂商规定进行。在 23±2℃ 的水中放置 168h 后，裁出 10 个 200mm×25mm 宽的试样，在标准试验条件下停放 4h 备用。

B. 将试样分别夹在拉力试验机上，夹持部位不能滑动，开动试验机，以 100±10mm/min 的速度进行剥离试验，试样剥离长度至少要有 125mm，剥离力以拉伸过程中的最大力值表示。

C. 剥离强度按式（12-6）计算：

$$\sigma_\tau = \frac{F}{B} \tag{12-6}$$

式中 σ_τ——剥离强度，N/mm；

F——剥离力，N；

B——试样宽度。

D. 结果评定。以 5 块试样的剥离强度算术平均值作为测定结果。

【能力测试】

测试题目：北方某地区屋面防水工程，选用 SBS 改性沥青防水卷材作为防水材料。根据本项目所学内容完成该项目所用防水卷材的质量检验。

成果要求：列出进场检验项目、检验方法和标准，取样要求和复试项目，并填写试验报告。

提示：

试验报告（表 12-15）采用工程实际用表。

防水卷材试验报告 表 12-15

工程名称			使用部位	
试样编号	种类名称	商标	规格型号	生产厂家
质量证明书号	代表数量	检验日期	检验依据	检验条件
检验项目	标准要求		检验结果	
			试验结果	单项结论

续表

工程名称			使用部位	
低温柔性				
耐热度				
拉力 （N/50mm）	纵向			
	横向			
最大拉力时延 伸率（%）	纵向			
	横向			
不透水性				
结论				
备注		抽样单位： 见证单位：	抽样人： 见证人：	

检测单位：　　　批准：　　　审核：　　　编写：

注意事项	1. 委托检验未加盖"检验报告专用章"无效。 2. 复制报告未重新加盖"检验报告专用章"无效。 3. 检验报告无编写、审核、批准人员签章无效。 4. 检验报告涂改无效。

项目 3　防水涂料的质量检测

【项目概述】

1. 项目描述

防水涂料固化成膜后具有良好的防水性能，特别适合用各种复杂、不规则部位的防水。防水涂料的质量关系到防水工程的质量，从而影响房屋的耐久性。为保证工程质量，需要对防水涂料进行进场检验、复试，对试验结果进行评定。本项目是依据国家及行业标准，对施工所用的防水涂料进行质量检测。通过本项目学习，应了解防水涂料的分类，了解典型防水涂料的取样要求、必试项目和试验方法以及试验结果处理。

2. 检验依据

（1）《建筑防水涂料试验方法》GB/T 16777-2008

（2）《聚氨酯防水涂料》GB/T 19250-2013

【学习支持】

防水涂料的概念

防水涂料是以沥青、合成高分子等为主体，在常温下呈流态或半流态，涂布在基层表面，经溶剂或水分挥发或各组分间的化学反应，形成有一定弹性和一定厚度的连续防水膜的材料。防水涂料按液态类型可分为溶剂型、水乳型和反应型三种；按成膜物质的主要成分可分为沥青类、高聚物改性沥青类和合成高分子类，常用的防水涂料见表12-16。

常用防水涂料的分类　　　　　　　　　　　表 12-16

防水涂料	沥青类	水性石油沥青防水涂料、石油乳化沥青防水涂料、膨润土乳化沥青防水涂料等
	高聚物改性沥青类	再生橡胶改性沥青防水涂料、氯丁橡胶改性沥青防水涂料等
	合成高分子类	聚氨酯防水涂料、聚丙烯酸酯防水涂料、聚合物乳液防水涂料等

【任务实施】

1. 防水涂料的进场检验与储运

（1）防水涂料的进场检验

主要包括固体含量、耐热度、拉伸性能、低温柔度、不透水性的测定。

（2）防水涂料的储运

防水涂料的包装容器必须密封严实，容器表面应有标明涂料名称、生产厂家、生产日期和产品有效期的明显标识；储运及保管的温度也能够不得低于0℃；严防日晒、碰撞、渗漏；应存放在干燥、通风、远离火源的室内，料库内应配备专门用于扑灭有机溶剂的消防设备；运输时，运输工具、车轮应有接地措施，以防静电起火。

2. 防水涂料的取样与复试

（1）固体含量的测定

1）仪器设备

①培养皿，直径 75 ~ 80mm，边高 8 ~ 10mm；

②电热鼓风干燥箱，温度控制精度为 ±2℃；

③天平，感量为 0.001g。

2）试验步骤

①将培养皿放置于干燥箱内，在 105±2℃温度下干燥 30min，取出放入干燥器中，冷却至室温后称重。

②将试样搅拌均匀后，取约 2g 放于培养皿中，试样均匀流布于培养皿的底部，并放入干燥箱内。按表 12-17 的规定温度干燥 1h。

各类涂料的干燥温度　　　　　　　　　　　表 12-17

涂料种类	聚氨酯类	聚丙烯酸类	水性沥青类
干燥温度（℃）	120±2	105±2	105±2

③干燥 1h 后，取出放入干燥器中，冷却至室温后称量。重复上述操作，直至前后

两次称量差不大于 0.01g（说明试样已完全干燥）。将培养皿放入干燥箱中，干燥 30min 后，再将其取出放入干燥器中，冷却至室温称重。

3）结果评定

固体含量按式（12-7）计算，精确至 1%。取两次试验的平均值作为试验结果。

$$X = \frac{m_2 - m}{m_1 - m} \times 100\% \tag{12-7}$$

式中 X——涂料固体含量（%）；

m——培养皿质量（g）；

m_1——干燥前试样和培养皿的总质量（g）；

m_2——干燥后试样和培养皿的总质量（g）。

（2）耐热度试验

1）仪器设备

①电热鼓风干燥箱，温度控制精度为 ±2℃；

②铝板，规格为 100mm×50mm×2mm；

③金属试样架。

2）试验步骤

①将试样搅拌均匀后，称取厚质涂料 40±0.1g、薄质涂料 12.5±0.1g，分次满涂在铝板上。每次涂后，都应将试样水平放置于干燥箱内，在温度 40±2℃下干燥 4～6h，最后一道涂层应在干燥箱内干燥 24～80h。

②取出试样，并放置于干燥箱内的金属试样架上，按产品所需的温度恒温 5h。

③结果评定：观察试样表面，无鼓泡、流淌、滑动现象，则耐热度合格。

（3）拉伸性能

1）仪器设备

①拉伸试验机，测量范围 0～500N，最小分度值为 0.5N，拉伸速度 0～500mm/min，试件标距线间距离可拉伸 8 倍以上；

②厚度计，压重 100±10g，测量面直径 10±0.1mm，最小分度值 0.01mm；

③涂膜模具，采用不锈钢材料制作。

2）试件制备

将试样及所用仪器在标准条件下放置 24h，然后将试样搅拌均匀后，分次涂布于模具（为便于脱模，模具表面应采用硅油或石蜡处理）。最后一次涂布后，将表面刮平，并放置于标准条件下养护 168h。固化后涂膜厚度为 2.0±0.2mm。然后采用切片机将涂膜切割成标准规定的试件形状，试件尺寸及数量要求，见表 12-18。

3）试验步骤

①无处理时拉伸试验

A. 将试件在标准条件下静置 24h，然后用直尺在试件上划两条间距为 25mm 的平行线，并采用厚度仪测定试件中间和两端三点的厚度（去平均值作为该试件的厚度）。

B. 将试件安装于拉伸试验机夹具间，夹具间的标距为 70mm。调整拉伸速度为

涂膜试件尺寸及数量　　　　　　　　表 12-18

试验项目		试件尺寸（mm）	数量
拉伸强度和断裂延伸率	无处理	GB/T 528—2009 中 I 型哑铃片	5
	加热处理	GB/T 528—2009 中 I 型哑铃片	5
	紫外线处理	GB/T 528—2009 中 I 型哑铃片	5
加热伸缩试验		300×30	3
拉伸时老化试验	加热老化	GB/T 528—2009 中 I 型哑铃片	3
	紫外线老化	GB/T 528—2009 中 I 型哑铃片	3

500mm/min（聚氨酯类）或 200mm/min（聚丙烯酸类）。

C. 启动试验机，直至试件断裂。记录最大破坏荷载，并测量试件断裂时两标距线之间的距离，精确至 0.1mm。

D. 5 个试件分别测定，若有试件断裂于标线外，则试验结果无效，应采用备用试件补做。

②加热处理时拉伸试验

A. 将试件平放在釉面砖上，放入规定的电热鼓风干燥箱中，在温度 80±2℃下恒温 168h。试件中心与温度计水银球应在同一水平位置上。

B. 试验，按无处理时拉伸试验方法操作。

③紫外线处理时拉伸试验

A. 将试件平放在釉面砖上，放入紫外线老化箱中，恒温照射 250h。试件与灯管的距离为 47 ～ 50mm，距试件表面 50mm 的空间温度为 45±2℃。

B. 试验，按无处理时拉伸试验方法操作。

④结果评定

A. 拉伸强度按式（12-8）计算：

$$P = \frac{F}{bd} \tag{12-8}$$

式中 P——试件拉伸强度（MPa）；

　　F——试件断裂时最大荷载（N）；

　　b——试件中间宽度（mm）；

　　d——试件厚度（mm）。

B. 断裂延伸率按式（12-9）计算：

$$\varepsilon = \frac{L-25}{25} \times 100\% \tag{12-9}$$

式中 ε——试件的断裂延伸率；

L——试件断裂时的标距线距离（mm）；

25——试件拉伸前的标距线距离（mm）。

（4）低温柔度试验

1）仪器设备

①低温冰箱，温度控制精度为 ±2℃；

②弯折机。

2）试验步骤

①制作试件。按拉伸性能试验制作涂膜，脱模后切取 100mm×25mm 试件 3 块。

②将试件在标准条件下放置 2h 后，弯曲 180°，使 25mm 宽的边缘齐平，用定位夹将边缘固定。调整弯折机的上下平板之间的距离为试件厚度的 3 倍，然后将试件放置于弯折机的下平板上，试件重叠的一边朝向弯折机转轴，距转轴中心约 25mm。

③将放有试件的弯折机放入低温冰箱中，在规定温度下保持 2h。打开冰箱，在 1s内将上平板压下，保持 1s，取出试件用放大镜观察。

3）结果评定：目测试件弯曲处有无裂纹，无裂纹则合格。

（5）不透水性试验

1）仪器设备

①不透水仪；

②钢丝网布，孔径为 0.2mm；

③其他：牛皮纸（70 ~ 90kg/m²），釉面砖等。

2）试验步骤

①制作试件。按拉伸性能试验制作涂膜，脱模后切取 150mm×150mm 试件 3 块。将试件在标准条件下放置 1h。

②调校不透水仪，注满洁净自来水，开启进水阀，接着加水压，使得储水罐的水流出，排出空气。

③将试件涂层面迎水，置于不透水仪的圆盘上，然后在试件上架一块相同尺寸的钢丝网布，压紧。

④开启进水阀，施加压力至规定值，保持 30min。卸压、取下试件、观察。

3）结果评定：目测观察试件有无渗水现象，均无渗水为合格。

【知识拓展】

防水材料的选择

1. 根据气候条件进行防水设防和选择防水材料

一般来说，北方寒冷地区可优先考虑选用三元乙丙橡胶防水卷材和氯化聚乙烯 - 橡胶共混防水卷材等合成高分子防水卷材，或选用 SBS 改性沥青防水卷材和焦油沥青耐低温卷材。南方炎热地区可选择 APP 改性沥青防水卷材和合成高分子防水卷材和具有良好耐热性的合成高分子防水涂料，或采用掺入微膨胀剂的补偿收缩水泥砂浆和细石混凝土刚性防水材料作为防水层。

2. 根据湿度条件进行防水设防和选择防水材料

对于我国南方地区处于梅雨地区的区域，宜选用吸水率较低、无接缝、整体性好的合成高分子涂膜防水涂料做防水层，或采用补偿收缩水泥砂浆和细石混凝土刚性材料做防水层，或采用以排水为主、防水为辅的瓦屋面结构形式。如果采用合成高分子防水卷材做防水层，则卷材搭接边应切实粘结紧密。搭接缝应用合成高分子密封材料封严；如果用高聚物改性沥青防水卷材做防水层，则卷材的搭接边宜采用焊接，尽量避免因接缝不好而产生渗漏。梅雨地区不得采用石油沥青纸胎油毡做防水层，因纸胎吸油率低，浸渍不透，长期遇水会造成纸胎吸水腐烂变质而导致渗漏。

3. 根据结构形式进行防水设防和选择材料

对于结构较稳定的钢筋混凝土屋面，可采用补偿收缩防水混凝土做防水层，或采用高分子防水卷材、高聚物改性沥青防水卷材和沥青防水卷材做防水层。

对于预制化、异形化、大跨度和频繁振动的屋面，容易增大移动量和产生局部变形裂缝，应选择高强度、高延伸率的三元乙丙橡胶防水卷材和氯化聚乙烯 - 橡胶共混防水卷材等合成高分子防水卷材，或具有良好延伸率的合成高分子防水涂料作为防水层。

4. 根据防水层暴露程度选择防水材料

用柔性防水材料做防水层，一般应在其表面用浅色涂料或刚性材料做保护层。用浅色涂料做保护层时，防水层呈"外露"状态，长期暴露于空气中，所以应选择耐紫外线、热老化保持率高的各类防水卷材和涂料。

5. 根据不同部位进行防水设防和选择防水材料

对于屋面工程来说，细部构造（如檐沟、女儿墙、变形缝、阴阳角等）是最容易发生渗漏的部位。对于这些部位应加以重点设防。即使防水层由单道防水材料构成，细部构造部位亦应进行多道设防。贯彻"大面防水层单道构成，局部（细部）构造复合防水多道设防"的原则。对于形状复杂的细部构造基层（如圆形、方形等），当采用卷材做大面防水层时，可用整体性好的涂膜做附加防水层。

6. 根据环境介质进行防水设防和选择防水材料

某些生产酸、碱化工产品或用酸、碱产品作为原料的工业厂房或贮存仓库，空气中散发出一定量的酸碱气体介质，这对柔性防水材料有一定的腐蚀作用，所以应选择具有相应耐酸、耐碱性能的防水材料做防水层。

【能力测试】

测试题目：某建筑厕浴间防水工程，选用聚氨酯防水涂料作为防水材料。根据本项目所学内容完成该项目所用防水卷材的质量检验。

成果要求：列出进场检验项目、检验方法和标准，取样要求和复试项目，并填写试验报告。

提示

试验报告（表12-19）采用工程实际用表。

防水涂料试验报告 表 12-19

工程名称				使用部位	
试样编号	种类名称	商标	规格型号	生产厂家	生产日期
质量证明书号	代表数量	检验日期	检验依据	配合比	检验条件

检验项目	标准要求	检验结果	
		试验结果	单项结论
耐热度			
拉伸强度（MPa）			
断裂延伸率（%）			
不透水性			
低温柔度			
结论			
备注	抽样单位： 抽样人： 见证单位： 见证人：		
检测单位： 批准： 审核： 编写：			
注意事项	1. 委托检验未加盖"检验报告专用章"无效。 2. 复制报告未重新加盖"检验报告专用章"无效。 3. 检验报告无编写、审核、批准人员签章无效。 4. 检验报告涂改无效。		

模块 13
节能工程材料

【模块概述】

近年来节能工程发展迅速，节能材料在工程中应用广泛，本模块重点从材料角度介绍节能工程中常用材料——隔热保温材料及保温增强材料。

【学习目标】

通过本模块学习，了解隔热保温材料及保温增强材料的种类、应用及基本特点。

项目 1 隔热保温材料

【项目概述】

1. 项目描述

隔热保温材料是指对热流具有显著阻隔性的材料或材料复合体。建筑隔热保温材料是建筑节能的物质基础，性能优良的隔热保温材料、合理科学的设计和良好的保温技术是提高节能效果的关键。通常将导热系数 λ 值不大于 0.23W/（m·K）的材料称为隔热材料，而将 λ 值小于 0.14W/（m·K）的隔热材料称为保温材料。通过本项目学习，应了解隔热保温材料的种类、特点、技术指标。

2. 检验依据

（1）《建筑保温砂浆》GB/T 20473-2006

（2）《绝热用岩棉、矿渣棉及其制品》GB/T 11835-2007

（3）《绝热用挤塑聚苯乙烯泡沫塑料（XPS)》GB/T 10801.2-2002

（4）《绝热用模塑聚苯乙烯泡沫塑料》GB/T 10801.1-2002

（5）《建筑节能工程施工质量验收规范》GB 50411-2007

（6）《居住建筑节能保温工程施工质量验收规程》DBJ 01-97-2005

【学习支持】

隔热材料的种类很多，按材质可分为无机隔热材料、有机隔热材料和金属隔热材料。按形态可分为纤维状（岩棉、矿棉、玻璃棉、硅酸铝棉及其制品和植物纤维为原料的纤维板材）、多孔状（膨胀珍珠岩、膨胀蛭石、微孔硅酸钙、泡沫石棉、泡沫玻璃、加气混凝土、泡沫塑料等）、层状（各种镀膜制品）等。

1. 岩棉、矿渣棉、玻璃棉

岩棉、矿渣棉统称岩矿棉，是用岩石或高炉矿渣的熔融体，以离心、喷射或离心喷射方法制成的玻璃质絮状纤维，前者称岩棉，后者称矿渣棉。蓬松的岩矿物棉导热系数极小[导热系数为 0.047 ~ 0.072W/（m·K）]，是良好的保温隔热材料。矿物棉与胶粘剂结合可制成岩矿棉制品，有板、管、毡、绳、粒、块六种形态。其中，岩矿棉毡或岩矿棉毡板常用于建筑围护结构的保温。岩矿棉具有良好的隔热、隔冷、隔声和吸声性能，良好的化学稳定性、耐热性以及不燃、防蛀、价廉等特点，是我国目前建筑保温常选用的材料。

玻璃纤维是由制造玻璃相近的天然矿物和其他化工原料的熔融物以离心喷吹的方法制成的纤维，其中短纤维（150mm 以下）组织蓬松，类似棉絮，外观洁白，称作玻璃棉。与岩矿棉相似，玻璃棉可制成玻璃棉制品，有毡、板、带、毯、管等形态。由于玻璃棉制品的玻璃纤维上有树脂胶粘剂，故制品外观上呈黄色。玻璃棉制品具有表观密度小、手感柔软、导热系数小、绝热、吸声、抗震、不燃等特点。但由于玻璃棉的生产成本较高，今后较长一段时间建筑保温仍将以岩矿棉及制品为主。

2. 膨胀珍珠岩、膨胀蛭石

珍珠岩是一种酸性岩浆喷出而成的玻璃质熔岩。膨胀珍珠岩是以珍珠岩矿石为原料，经破碎、分级、预热、高温焙烧时急剧加热膨胀而成的一种轻质、多功能材料。

膨胀珍珠岩制品一般以胶粘剂命名，如水玻璃膨胀珍珠岩制品、水泥膨胀珍珠岩制品和磷酸盐膨胀珍珠岩制品等。按制作地点与时间的不同，又可分为现场浇制（现浇）与制品厂预制两种方法。

膨胀珍珠岩具有表观密度小（堆积密度为 70 ~ 250kg/m³）、导热系数小 [0.047 ~ 0.072W/（m·K）]、化学稳定性好（pH＝7）、使用温度范围广（−200 ~ 800℃）、吸湿能力小（<1%），且具有无毒、无味、防火、吸声、价格低廉等特点，是一种优良的建筑保温绝热吸声材料。

在建筑领域内，膨胀珍珠岩散料主要用作填充材料，现浇水泥珍珠岩保温、隔热层，粉刷材料以及耐火混凝土等方面，常用做墙体、屋面、吊顶等围护结构的散填保温隔热以及其他建筑工程或大型设备的保温绝热。

膨胀蛭石是以层状的含水镁铝硅酸盐矿物蛭石为原料，经烘干、焙烧，在短时间内体积急剧膨胀（6 ~ 20 倍），而成的一种金黄色或灰白色的颗粒状物料。是一种良好的绝热、绝冷和吸声材料。膨胀蛭石表观密度一般为 80 ~ 200kg/m³，导热系数为 0.047 ~ 0.07W/（m·K）。它有足够的耐火性，可以在 1000 ~ 1100℃温度下应用。由膨胀蛭石和其他材料制成的耐火混凝土，使用温度可达 1450 ~ 1500℃。

膨胀蛭石具有表观密度小、导热系数小、防火、防腐、化学性能稳定、无毒无味等特点，是一种优良的保温、隔热、吸声、耐冻融建筑材料。由于原料来源丰富，加工工艺简单，价格低廉，故膨胀蛭石及其制品的应用相当普遍。但其主要用途仍然是用作建筑保温材料。利用膨胀蛭石制造蛭石隔热制品，用作房屋的防护结构，可大大提高建筑物的热工性能，有效节约能源。

3. 泡沫石棉

石棉是一类形态呈细纤维状的硅酸盐矿物的总称。石棉具有优良的防火、绝热、耐酸、耐碱、保温、隔声、电绝缘性和较高的抗拉强度。但由于石棉对人的健康有危害，故世界一些国家限制石棉的生产，甚至禁止使用石棉制品。

泡沫石棉是一种新型的、超轻质的保温、隔热、绝冷，吸声材料。它以温石棉为主要原料，将其在阴离子表面活性剂的作用下。使石棉纤维充分松解制浆、发泡、成型、干燥制成的具有网状结构的多孔毡状材料。与其他保温材料比较，在同等保温、隔热效果下，其用料量只相当于膨胀珍珠岩的1/5，膨胀蛭石的1/10，比超细玻璃棉轻1/5，施工效率比上述几种保温吸声材料高7～8倍，是一种理想的新型保温、隔热、绝冷和吸声材料。

与其他保温材料相比，泡沫石棉表观密度小、材质轻、施工简便、保温效果好。其绝热性能优于其他几种常用的保温材料，制造和使用过程无污染。无粉尘危害，不像膨胀珍珠岩、膨胀蛭石散料那样随风飞扬，也不像岩矿棉、玻璃纤维那样带来刺痒，给施工人员和环境带来不便。

泡沫石棉还具有良好的抗震性能，有弹性、柔软。宜用于各种异形外壳的包覆，使用温度范围较广，低温不脆硬，高温时不散发烟雾或毒气。吸声效果好，还可用作建筑吸声材料。

4. 模塑、挤塑聚苯乙烯泡沫塑料

绝热用模塑聚苯板乙烯泡沫塑料是由可发性聚苯乙烯珠粒经加热预发泡后，在模具中加热成型而制成的具有闭孔结构的使用温度不超过75℃的聚苯乙烯泡沫塑料板材。英文缩写EPS。

绝热用挤塑聚苯板乙烯泡沫塑料是以聚苯乙烯树脂辅以其他聚合物在加热混合的同时，添加少量的添加剂，而后由挤压工艺制出的连续性闭孔发泡的硬质泡沫塑料板。英文缩写XPS。

模塑、挤塑聚苯乙烯泡沫板其内部为独立闭口孔气泡结构，是一种具有优异性能的环保型隔热保温材料。

（1）模塑、挤塑聚苯乙烯泡沫板性能

1）优异、持久的隔热保温性

尽可能更低的导热系数是所有保温材料追求的目标。挤塑板主要以聚苯乙烯为原料制成，而聚苯乙烯原本就是极佳的低导热原料，再辅以挤塑压出紧密的蜂窝结构，就更为有效地阻止了热传导。挤塑板导热系数为0.028W/（m·K），具有高热阻、低线性膨胀率的特性，导热系数远远低于其他保温材料，如EPS板、发泡聚氯酯、保温砂浆、珍珠岩等。

2）优越的抗水、防潮性

挤塑板具有紧密的闭孔结构，聚苯乙烯分子结构本身不吸水，板材的正反面都没有缝隙，因此吸水率极低，防潮和防渗透性能极佳。

3）防腐蚀、高耐用性

一般的硬质发泡保温材料使用几年后易老化，随之导致吸水造成性能下降。而挤塑

板因具有优异的防腐蚀、抗老化性，保温性，在高水蒸气压力下，仍能保持其优异的性能，故使用寿命可达 30 ~ 40 年。

但不可忽视的是挤塑板的可燃性。在施工没有做面层，保温板裸露在外的阶段，仍要采取有效的防火措施。

挤塑板广泛应用于干墙体保温、平面混凝土屋顶及钢结构屋顶的保温，低温储藏地面、低温地板辐射采暖管下、泊车平台、机场跑道、高速公路等领域的防潮保温，控制地面冻胀，是目前建筑业物美价廉、品质俱佳的隔热、防潮材料。

随着我国节能降耗工作的深入开展，工业和民用建筑隔热保温要求的逐渐提高，泡沫塑料隔热保温材料的应用前景将会异常广阔。

（2）模塑、挤塑聚苯乙烯泡沫板试验项目、取样方法见表 13-1

模塑、挤塑聚苯乙烯泡沫板必试项目、组批和取样 表 13-1

序号	材料名称及相关标准	必试项目		组批规则	取样方法
		GB 50411－2007	DBJ 01－97－2005		
1	《绝热用模塑聚苯乙烯泡沫塑料》GB/T 10801.1－2002	表观密度压缩强度导热系数燃烧性能	表观密度压缩强度导热系数抗拉强度尺寸稳定性	1. 用于墙体时，同一厂家、同一品种的产品，当单位工程建筑面积在 20000m² 以下时各抽查不少于 3 次，当单位工程建筑面积在 20000m² 以上时各抽查不少于 6 次。2. 用于屋面及地面，同一厂家、同一品种的产品，各抽查不少于 3 次	在外观检验合格的一批产品中随机抽取试样
2	《绝热用挤塑聚苯乙烯泡沫塑料（XPS）》GB/T 10801.2－2002	压缩强度导热系数燃烧性能	导热系数		

【任务实施】

外墙有机保温板保温性能与防火性能统筹考虑的必要性。

你将根据具体案例，了解墙体外保温广泛应用的有机保温材料（XPS、EPS、PU 板等）在施工中必须综合考虑其可燃性的必要性，以强化建筑工程过程的防火安全意识，明确材料的性能特点只有在一定的使用前提下才能发挥的理念。

步骤 1：阅读以下案例资料。

20 世纪 90 年代末，有机保温材料聚苯乙烯泡沫塑料（EPS）和挤塑板（XPS）开始在国内应用。这些材料优势明显，价格较低，保温性能好且易施工，但最大的缺点是可燃性强。随后逐步发展起来的聚氨酯（PU）保温材料，虽价位较高，但保温性更好、品质更高档，然而，它的可燃性更强。

从 2007 年开始，随着各种外墙保温材料的广泛应用，国内由此引发的火灾此起彼伏：长春住宅因电焊引燃外墙材料；乌鲁木齐市一在建高层住宅楼外墙保温层着火等这些高层建筑大火灾，大部分在施工期间发生，大多跟外墙保温材料密切相关。

目前的有机保温材料中，都向原材料中添加了阻燃剂，有一定阻燃效果。但 EPS 和 XPS 仍易着火、易滴溶。PU 材料虽可自熄，但温度达到一定程度后就难以熄灭。

2006 年发布的《建筑材料及制品燃烧性能分级》GB 8624-2012，虽然提高了外墙保温材料的阻燃性指标，但并没禁止使用，仅指出上述材料使用时存在安全隐患，需要防护措施。

2009 年 9 月 25 日，公安部、住房和城乡建设部联合制定《民用建筑外保温系统及外墙装饰防火暂行规定》。根据防火等级，A 级材料燃烧性是不燃，B1 级是难燃，B2 级是可燃。规定指出，非幕墙类居住建筑，高度大于等于 100m，其保温材料的燃烧性能应为 A 级；高度大于等于 60m 小于 100m，保温材料燃烧性能不应低于 B2 级。如果使用 B2 级材料，每层必须设置水平防火隔离带。

步骤 2：挤塑板的相关技术资料：按《绝热用挤塑聚苯乙烯泡沫塑料（XPS）》GB/T 10801.2-2002 产品标准和《建筑材料及制品燃烧性能分级》GB 8624-2012 标准应为 D、E 级（原 B2 级），属于可燃的建筑材料，即使加入一定的阻燃添加剂（溴系阻燃剂），形成所谓阻燃型也仅是商业名称，其仍属于可燃的材料。

思考：

1. 根据以上案例和技术资料，你对于外墙有机保温材料的使用有什么新的认识？如何认识材料的选择与经济发展水平的关系？

2. 在目前我国相关政策及市场环境条件下，处理好外墙有机保温板的保温性能与防火性能统筹考虑的问题是至关重要的。

【能力测试】

1. 填空题

（1）隔热材料按材质可分为_____、_____和_____。

（2）石棉具有优良的防火、_____、_____、耐碱、_____、隔声、电绝缘性和较高的抗拉强度。

2. 单项选择题

（1）绝热用挤塑聚苯板乙烯泡沫塑料英文缩写是（　　）。

    A. EPS   B. MSB   C. XPS   D. JSB

（2）绝热用模塑聚苯板乙烯泡沫塑料英文缩写是（　　）。

    A. EPS   B. MSB   C. XPS   D. JSB

项目 2　增强网

【项目概述】

1. 项目描述

增强网铺设在抹面抗裂砂浆内，增强抹面层的抗裂和抗冲击性能。常用增强网包括耐碱玻璃纤维网格布和镀锌钢丝网。

2. 检验依据

(1)《建筑节能工程施工质量验收规范》GB 50411-2007

(2)《居住建筑节能保温工程施工质量验收规程》DBJ 01-97-2005

(3)《镀锌电焊网》QB/T 3897-1999

(4)《公共建筑节能施工质量验收规程》DB 11/510-2007

(5)《增强网玻璃纤维网布 第2部分：聚合物基外墙外保温用玻璃纤维网布》JC/T 561.2-2006

(6)《外墙外保温施工技术规程（聚苯板增强网聚合物砂浆做法）》DB11/T 584-2008

【学习支持】

1. 耐碱玻璃纤维网格布

经过涂覆树脂，具有耐碱性能的抗碱或者中碱玻璃纤维网格布，用于铺设到抹面砂浆内，增强外保温系统的机械强度和抗裂性能。

2. 镀锌钢丝网

特指后热镀锌电焊网或镀锌丝编织网，用于铺设到抹面砂浆内，增强外保温系统的机械强度和抗裂性能。

3. 常规试验项目及检测试验指标的意义

（1）抗腐蚀性：对于耐碱玻璃纤维网格布，抗腐蚀性主要包括耐碱断裂强力和耐碱断裂强力保留率，由于耐碱玻璃纤维网格布主要铺设在抹面砂浆内，而大部分抹面抗裂砂浆均为水泥基材料，水泥水化产物均为碱性，因此，此项指标主要考察增强网的抗碱性能力；对于镀锌钢丝网，抗腐蚀性主要包括镀锌层质量和镀锌层均匀性。

（2）力学性能：对耐碱玻璃纤维网格布，力学性能为断裂强力；对镀锌电焊网，力学性能为焊点抗拉力。

4. 常规实验项目、组批及取样

（1）耐碱玻璃纤维网格布的常规试验规定见表13-2。

（2）镀锌电焊网的常规试验规定见表13-3。

耐碱玻璃纤维网格布复验项目、取样及组批原则　　　　　　表 13-2

《建筑节能工程施工质量验收规范》GB 50411-2007		《居住建筑节能保温工程施工质量验收规程》DBJ 01-97-2005		《公共建筑节能施工质量验收规程》DB 11/510-2007		取样规定
复验项目	组批原则	复验项目	组批原则	复验项目	组批原则	
力学性能（拉伸断裂强力）、抗腐蚀性能（耐碱断裂强力、耐碱断裂强力保留率）	墙体节能工程：同一厂家同一品种的产品，当单位工程建筑面积在20000m²以下时各抽查不少于3次；当单位工程建筑面积在20000m²以上时各抽查不少于6次	耐碱断裂强力、耐碱断裂强力保留率	每4000m²为一批，不足4000m²亦为一批	耐碱断裂强力、耐碱断裂强力保留率	74000m²为一批，不足7000m²亦为一批	同一厂家同一品种的产品，抽样长度不少于2m

镀锌电焊网复验项目、取样及组批原则　　　　　表 13-3

《建筑节能工程施工质量验收规范》GB 50411-2007		《居住建筑节能保温工程施工质量验收规程》DBJ 01-97-2005		《公共建筑节能施工质量验收规程》DB 11/510-2007		取样规定
复验项目	组批原则	复验项目	组批原则	复验项目	组批原则	
力学性能（焊点抗拉力）、抗腐蚀性能（镀锌层质量、镀锌层均匀性）	墙体节能工程：同一厂家同一品种的产品，当单位工程建筑面积在20000m² 以下时各抽查不少于 3 次；当单位工程建筑面积在 20000m² 以上时各抽查不少于 6 次	网孔中心距、丝径、焊点强度	每 4000m² 为一批，不足 4000m² 亦为一批	锌量指标、网孔中心距、丝径、焊点强度	每 7000m² 为一批，不足 7000m² 亦为一批	同一厂家同一品种的产品，抽样长度不少于 2m

【能力测试】

（1）建筑外墙装饰效果为粉刷涂料，在粉刷前在保温材料上要增加＿＿＿＿＿＿＿＿。

（2）建筑外墙装饰效果为粘贴外墙面砖，在外墙面砖施工前在保温材料上要增加＿＿＿＿＿＿＿＿。

（3）耐碱玻璃纤维网格布复验项目中抗腐蚀性能要求检测＿＿＿＿＿＿＿＿ 和 ＿＿＿＿＿＿＿＿。

（4）镀锌电焊网复验项目中力学性能要求检测＿＿＿＿＿＿＿＿＿＿。

项目 3　建筑功能材料的发展

【项目概述】

轻质保温墙体及屋面材料是新兴材料，具有自重轻、保温隔热、安装快、施工效率高、可提高建筑物的抗震性能、增加建筑物使用面积、节省生产、使用能耗等优点。随着框架结构建筑的日益增多、墙体革新和建筑节能工程的实施以及为此而制定的各项优惠政策，轻质保温墙体及屋面材料获得了迅猛发展。

轻质保温墙体和屋面制品通常是板材，墙体还可加工各种砌块，常见的有加气混凝土砌块和板材、石膏砌块与板材、轻质混凝土砌块与板材、粉煤灰砌块、纤维增强水泥板材、钢丝网夹芯复合板材、有机纤维板与有机复合板、新型金属复合板材等。

【学习支持】

1. 绿色建筑功能材料

绿色建材又称生态建材、环保建材等，其本质是相通的，即采用清洁生产技术，少用天然资源和能源，大量使用工农业或城市废弃物生产无毒害、无污染、达生命周期后可回收再利用，有利于环境保护和人体健康的建筑材料。在当前的科学技术和社会生产力条件下。已经可以利用各类工业废渣生产水泥、砌块、装饰砖和装饰混凝土等，利用废弃的泡沫塑料生产保温墙体材料，利用无机抗菌剂生产各种抗菌涂料和建筑陶瓷等各种新型绿色功能建筑材料。

2. 复合多功能建筑材料

复合多功能建筑材料是指材料在满足某一主要的建筑功能的基础上，附加了其他使用功能的建筑材料。例如抗菌自洁涂料，它既能满足一般建筑涂料对建筑主体结构材料的保护和装饰墙面的作用，同时又具有抵抗细菌的生长和自动清洁墙面的附加功能，使人类居住环境的质量进一步提高，满足了人们对健康居住环境的要求。

3. 智能化建筑材料

所谓智能化建筑材料是指材料本身具有自我诊断和预告失效、自我调节和自我修复的功能并可继续使用的建筑材料。当这类材料的内部发生异常变化时，能将材料的内部状况反映出来，以便在材料失效前采取措施，甚至材料能够在材料失效初期自动进行自我调节，恢复材料的使用功能。如自动调光玻璃。根据外部光线的强弱。自动调节透光率，保持室内光线的强度平衡，既避免了强光对人的伤害，又可调节室温和节约能源。

4. 建筑功能新材料

相当部分建筑物在完工尤其受到动荷载作用后，会产生不利的裂纹，对抗震尤其不利。自愈合混凝土则可克服此缺点，大幅度提高建筑物的抗震能力。自愈合混凝土是将低模量胶粘剂填入中空玻璃纤维，并使胶粘剂在混凝土中长期保持性能稳定不变。为防玻璃纤维断裂，该技术将填充了胶粘剂的玻璃纤维用水溶性胶粘接成束，平直地埋入混凝土中。当结构产生开裂时，与混凝土粘结为一体的玻璃纤维断裂，胶粘剂释放，自行粘接嵌补裂缝，从而使混凝土结构达到自愈合效果。该种自愈合功能性混凝土可大大提高混凝土结构的抗震能力，有效提高使用的耐久性和安全性。

【能力测试】

（1）试分析隔热保温材料受潮后，其隔热保温性能明显下降的原因。

（2）试阐述你对新型功能建筑材料的理解。

模块 14
职责

【模块概述】

本课程主要介绍了材料员和试验员的主要工作任务和岗位职责。

【学习目标】

通过本模块的学习，了解建筑业材料员与试验员的工作职责与职业道德行为规范，为今后从事和胜任这两个岗位奠定基础。

【学习支持】

1. 材料员岗位职责

（1）材料员的任务

1）材料员的主要任务

材料员的主要任务是："保证生产，节约成本"。即保质保量、及时成套地供应材料、燃料、构件、劳保用品等，保证施工生产顺利进行，同时，努力节约购买、储运各项材料，减少资金占用，并组织定额供应，对消耗进行统计监督，实行节约奖励制度，促进材料节约，降低工程成本。

2）材料管理的内容

建筑材料管理的内容包括建筑材料的计划、订货、采购、运输、保管、领发和使用等工作。其中保证供应就是根据生产需要，有计划、及时地按品种、规格保质保量地将材料供应到使用地点。加快周转，就是缩短材料的流通时间。降低消耗，就是合理、节约地使用建筑材料，提高材料利用率。节约费用，就是要明确经济责任，加强经济核算，不断降低材料管理费用，提高经济效益。

（2）材料员的岗位职责

1）熟悉材料采购、保管、使用，懂得物资管理相关知识，经专业考核合格后，方可上岗。

2）能根据材料预算，及时掌握市场信息，编制月度采购计划、用款计划，经审核落实后实施，编制材料报表。

3）能坚持"六不"采购原则：无计划不采购，质量不好不采购，超储备不采购，价格超过规定未经领导同意不采购，违反财务制度和国家有关物资管理规定不采购。

4）能做好"三比一算"降低物资采运成本，做到采购及时、就近采购、直达供应、精打细算、先算后用、点滴节约，尽量减少周转环节，降低材料成本。

5）能对甲供"三材"严格把关，钢材一定要符合国家标准，质保书要完整齐全；木材要加强验收，保证木材的出材率和利用率；水泥必须保质保量，须经过试验鉴定后方能使用。砖、瓦、砂、石能根据进场用料申请单，落实货源。

6）能运用物量消耗限额和定额消耗限额，以任务单为依据按照分项工程限额发料。

7）能对现场材料做到收支有台账，耗用有限额，分项有核算，节约有依据，竣工有退料。材料堆放做到砂石成方，砖瓦成堆，规格分清，安全牢固。

8）能根据进库验收、发料制度，对库容库貌，做到库容整齐清洁，场上物资层次分明，堆置合理，室内物资数量、规格、性能、用途心中有数，实物台账，账物相符，月清月结。

9）对周转材料调进调出能严格执行检查手续，记好单据，做到账物相符。

10）能区分施工工具及低值易耗品的使用管理，根据劳动组合及工具配备标准、规定使用期限进行奖罚。能遵守财经纪律，严格控制费用开支，外出借款返回时在 3 天内报销。结算清楚，不拖延。

2. 试验员岗位职责

试验员有现场试验员与实验室试验员两类，其工作内容如下：

（1）试验员的工作内容

1）施工现场试验员的主要工作内容

①按规定对原材料和过程产品取样送检；

②负责现场标准养护室的动态监控，满足试块养护要求；

③按分工做好记录的控制；

④及时沟通反馈相关信息。

2）实验室试验员的主要工作内容

①接到现场试验任务后应积极行动，优质、高效完成，不得拖拉延误。

②按照有关试验规程和试验方法做好各项试验，及时填写试验记录和试验报告。

③详细观察和记录试验过程中出现的各种情况，当发现有异常现象和试验结果不符合设计要求时，应立即向试验负责人报告。

④爱护试验仪器设备，做到定期维修保养并妥善保管，确保试验仪器正常完好、量值准确。

⑤试验结束后，清扫场地，整理安放好试验仪器及试验资料，保持整洁文明的工作环境，做到干净卫生、安全可靠。

⑥严守企业秘密，不得将试验技术资料随意外传。

（2）试验员的岗位职责

1）认真贯彻执行国家规范，掌握常用材料的性能和基本成分。

2）努力学习科学技术，不断提高个人的业务能力，熟练地掌握各项试验业务和标准要求。

3）接到送料试样后，要分清产地、品种、标号、数量，记录清楚。做完试验后，填写试验报告单必须做到数据可靠，结论明确，不得涂改。要按工号建立各类台账。

4）熟悉试验仪器性能、用途、注意事项、操作规程。注意使用前必须先检查仪器、设备的准确度，校正调整后再进行试验。

5）负责室内卫生，工作完后对机器、工具、工作台及地面要及时检查清理、保持工作间的良好环境。

6）在项目总工的领导下，负责协助取样员进行现场的原料、半成品的取样、送检工作，及时索取试验报告并将试验结果通报有关人员。

7）做好砂石含水率、混凝土坍落度、砂浆稠度等试验的现场测定，为施工过程的质量控制提供及时、准确的数据。

8）协助取样员做好试块的取样、养护、送检等工作。索取试验报告，并及时向有关人员通报试验结果。

9）熟悉常用建筑材料的性能指标及试验方法，掌握实验仪器、机具的性能，做好维护保养工作。

10）在施工过程中应根据砂、石含水率的变化及时调整配合比。

11）配合有关管理人员对原材料的采购、保管、标识、检验及使用进行检查和监督。

12）认真整理有关的试验资料，做到及时、准确、不遗漏。

13）根据项目新材料、新工艺、新技术推广计划的要求做好有关的试验工作，以推动科技进步。

14）做好试验用计量器具的维护、保养工作，并正确使用，避免失准。

15）现场使用的原料均应先按规定取样试验合格后方可使用。

16）对人工上料的混凝土后台计量进行抽样并做好记录，发现问题应立即进行纠正，把计量偏差控制在允许的范围之内。

【能力测试】

某三层小型砖混结构工程，砌墙砖使用烧结多孔砖，从材料计划、材料采购与运输、材料验收入库与仓库管理、材料储备、材料质量检验几个方面，参照材料员和试验员的工作内容和职责，详细论述在整个工程中的不同阶段的主要工作。

参考文献

[1] 中华人民共和国国家规范. 混凝土结构耐久性设计规范GB/T 50476-2008[S]. 北京：中国建筑工业出版社，2008.

[2] 中华人民共和国国家规范. 数值修约规则与极限数值的表示和判定GB/T 8170—2008[S]. 北京：中国标准出版社，2008.

[3] 李德明，王傲胜. 计量学基础[M]. 上海：同济大学出版社，2007.

[4] 李业兰. 建筑材料（第三版）[M]. 北京：中国建筑工业出版社，2015.

[5] 马洪晔. 建设工程施工现场实验[M]. 北京：中国建筑工业出版社，2012.

[6] 魏鸿汉. 建筑材料[M]. 北京：中国建筑工业出版社，2005.

[7] 韩实彬. 材料员[M]. 北京：机械工业出版社，2007.

[8] 王长荣. 建筑材料与检测[M]. 天津：天津大学出版社，2012.

[9] 张俊生. 实验员岗位实务知识[M]. 北京：中国建筑工业出版社，2007.

[10] 范文昭. 建筑材料[M]. 北京：中国建筑工业出版社，2013.

[11] 李继业，马安堂. 新编建筑工程施工实用技术手册[M]. 北京：化学工业出版社，2012.

[12] 江苏省建设工程质量监督总站. 建筑材料检测[M]. 北京：中国建筑工业出版社，2010.

[13] 张永辉. 建筑工程施工质量验收[M]. 北京：中国建筑工业出版社，2005.

[14] 北京土木建筑学会. 试验员必读[M]. 北京：中国电力出版社，2013.

[15] 建设部人事教育司，城市建设司. 试验员专业与实务[M]. 北京：中国建筑工业出版社，2006.